"陆地生态系统修复与固碳技术"教材体系

安黎哲 总主编

THE PLANNING AND DESIGN OF CARBON-NEUTRAL ECOLOGICAL ENVIRONMENT IN URBAN AND RURAL AREAS

城乡碳中和生态环境规划设计

李 倞 林广思 ◎ 主编

中国林业出版社
China Forestry Publishing House

内容简介

本教材面向应对全球气候变化，服务国家"双碳"战略目标，聚焦城乡碳中和生态环境规划设计这一新兴领域，重点介绍背景理论、技术工具和实践案例，为本领域全流程规划设计创新实践提供一个综合学习、研究和实践的技术框架指南和工具手册。

本教材注重多学科技术交叉和理论联系实践，强调技术框架系统构建和内容可拓展，主要分5章，包括碳中和与城乡生态环境、直接减排途径、碳汇提升途径、间接减排途径和辅助计算工具，从背景理论介绍出发，基于相关研究循证，汇总主要技术手段和新兴项目实践，为城乡碳中和生态环境规划设计的人才培养和科学研究提供全链式的理论、技术和实践支撑。

本教材主要适用于风景园林、城乡规划、建筑、生态环境工程等相关领域的学生、专业技术研究和工程实践人员，服务城乡碳中和生态环境技术实践的系统学习，也可开展专项技术内容的速查检索。

图书在版编目（CIP）数据

城乡碳中和生态环境规划设计 / 李倞，林广思主编.
北京：中国林业出版社，2024.12. -- （"陆地生态系统修复与固碳技术"教材体系）. -- ISBN 978-7-5219-2923-2

Ⅰ．X321.2

中国国家版本馆CIP数据核字第2024VD5387号

策划编辑：康红梅
责任编辑：康红梅
责任校对：苏　梅
封面设计：北京反卷艺术设计有限公司

出版发行　中国林业出版社
　　　　　（100009，北京市西城区刘海胡同7号，电话 010-83223120，83143551）
电子邮箱　jiaocaipublic@163.com
网　　址　https://www.cfph.net
印　　刷　北京中科印刷有限公司
版　　次　2024年12月第1版
印　　次　2024年12月第1次印刷
开　　本　787mm×1092mm　1/16
印　　张　10.25
字　　数　256千字
定　　价　62.00元

数字资源

《城乡碳中和生态环境规划设计》编写人员

主　　编　　李　惊（北京林业大学）
　　　　　　林广思（华南理工大学）

参编人员　　（按姓氏拼音排序）
　　　　　　高　伟（华南农业大学）
　　　　　　洪　波（西北农林科技大学）
　　　　　　胡一可（天津大学）
　　　　　　李　哲（东南大学）
　　　　　　钱　云（北京林业大学）
　　　　　　任　维（福建农林大学）
　　　　　　邵继中（华中农业大学）
　　　　　　王　敏（同济大学）
　　　　　　王子尧（清华大学）
　　　　　　吴丹子（北京林业大学）
　　　　　　于冰沁（上海交通大学）
　　　　　　张雪葳（福州大学）

主　　审　　兰思仁（福建农林大学）
　　　　　　王向荣（北京林业大学）
　　　　　　吴忆明（北京景观园林设计有限公司）

序 言

2020年9月22日，国家主席习近平在第75届联合国大会一般性辩论中向全世界郑重宣布，中国将力争2030年前实现碳达峰、2060年前实现碳中和。这既是中国推动构建人类命运共同体的重大举措，也是负责任大国对全世界的庄严承诺。我国积极参与历届《联合国气候变化框架公约》缔约方大会，推进多边进程落实《巴黎协定》，切实推动绿色低碳转型发展，实现了从重要参与者到积极贡献者，再到可持续发展的实践引领者的重大转变。

实现碳达峰碳中和是一场广泛而深刻的经济社会系统性变革。推进碳达峰碳中和是推动我国经济结构转型升级、形成绿色低碳产业竞争优势、实现高质量发展的内在要求。在我国，城乡建设是碳排放的主要领域之一，并且随着城镇化过程的推进和人民生活水平的不断改善，碳排放占比呈上升趋势。城乡生态环境作为城乡可持续发展的重要生态支撑，是实现碳中和至关重要一环。在此背景下，编写《城乡碳中和生态环境规划设计》教材，对本领域的相关教育和实践推动具有重要价值。

本教材旨在为本领域学生、研究者和相关专业实践人员提供一个全面、系统的城乡碳中和生态环境规划设计理论知识和技术应用框架。它建立在相关研究的基础上，不仅涵盖了城乡碳中和生态环境规划设计的基本科学原理和理论知识，还注重实践技术和典型案例的归纳总结，深入探讨了城乡生态环境的碳中和可持续发展的路径。

本教材编写体现了科学性、系统性、前瞻性和实践性等特点。教材覆盖了城乡碳中和生态环境规划设计的各个方面，从基础理论到实践应用，从技术创新到政策引导，为学习者提供了一个多维度的系统学习框架和知识技术体系。教材不仅介绍了当前成熟的相关技术和政策，还引入了许多具有广泛影响的创新技术和探索性实践，指出了本领域的未来发展趋势，帮助学习者把握行业脉搏，推动共同参与本领域的研究拓展。通过丰富的案例分析，教材将理论与实践紧密结合，使读者能够更好地理解和应用相关知识和技术。为适应本领域未来发展和应用需求，教材配套构建了智能数字资源库，以满足不同层次的学习者、研究者和实践者的需求。它可以作为高等学校的教材，也可以作为专业人士的参考书。

序 言

本教材的出版，对于培养未来的城乡碳中和生态环境规划、设计、管理、维护、运营等专业人才具有重要意义。它不仅系统梳理城乡碳中和生态环境规划设计领域的理论知识，并通过丰富翔实的具体案例展示了城乡碳中和生态环境建设的实践路径。相信通过本教材，一定会增进读者对碳中和的认识和理解，激发参与生态环境保护与治理的热情，提升服务绿色低碳发展的专业能力，为实现城乡生态环境的碳中和目标和可持续发展做出自己的贡献。同时，本教材的跨学科视角也为不同领域的专业人士提供了有益参考和借鉴。

期待本教材能唤起社会各界人士对城乡碳中和生态环境的广泛关注，并持续推动该领域的创新与发展，共同为达成碳中和目标贡献力量。是为序。

福建农林大学 校长、教授、博士生导师

2024年12月

前　言

　　应对气候变化和实现全球可持续发展目标是当今世界生态环境建设的关键议题。城乡碳中和生态环境建设作为其中的一个重要新兴领域，可以减少温室气体排放，改善生态系统，增强生物固碳能力，推动绿色发展，提升人居环境质量，推广绿色低碳生活方式，在环境保护、经济发展、社会进步和人类福祉建设等领域发挥重要作用，在服务国家"双碳"战略目标方面具有广泛的研究与应用前景。

　　本教材重点服务城乡碳中和生态环境建设需求，从规划、设计、建造、管理、维护等方面对相关基础理论、技术策略、实践经验进行系统梳理，根据城乡生态环境在碳中和中的主要功能划分为直接减排、碳汇提升、间接减排途径3个部分和56项具体措施进行介绍，构建了模块化的内容体系。

　　为了帮助学生建立系统、全面的理论知识体系，培养服务不同项目实践的专业技术能力，充分展示技术扩展和专业的交叉，教材编写中注重突出以下特色：

　　（1）菜单式内容组织

　　城乡碳中和生态环境建设涉及多学科专业知识。教材对相关内容进行了细分拆解，搭建了一个完整的技术举措菜单。这个菜单既有助于学习者构建一个完整的知识框架体系，又可以使学习者根据实际需要进行灵活自主的学习。

　　（2）理论与实践结合

　　面向理论前沿，精心筛选国内外优秀实践案例，总结其具体举措，并形象地展示，引导学习者结合未来项目实践对举措进行创新使用。教材同步编制技术评价表，以指导工程实践中的具体应用。

　　（3）面向多应用场景

　　本教材采用"工具手册"的编排形式，学习者可以开展技术措施的系统学习，也可以作为技术工具书查阅使用。

　　（4）配套数字化资源

　　本教材注重数字资源同步建设。教材同步配套课程课件和专家讲解视频，为学习者提供立体化的教学资源。同时依托菜单式教材内容框架，结合相关技术升级和工程创新，将来可不断地补充新知识、新规范、新案例，实现对知识技术体系的持续升级完善。

在本教材的编写过程中，根据各位编者的专业特长和研究领域进行明确分工、通力合作。李倞负责教材的整体编写组织工作，具体编写分工如下：第1章由李倞编写；第2章由李倞、林广思、高伟、洪波、胡一可、李哲、邵继中、王敏、于冰沁和张雪葳共同完成；第3章由李倞、高伟、李哲、王敏、于冰沁、任维负责；第4章由李倞、林广思、洪波、王敏、张雪葳共同编写；第5章由王子尧编写；吴丹子、钱云负责教材数字资源的编写工作。在教材的编写过程中，北京林业大学研究生王一淇、吴佳鸣、陈路平、汪文清、程泓玥、孔涵闻、黎思睿、卢纪文、庞忻遥、钱杨、宋浩辉、滕慧佳、王若桑、吴一凡、杨兰茜、尹淇、张诗惠协助完成了资料整理工作；教材编写得到国家自然科学基金面上项目（编号：32071833）；北京市社会科学基金项目一般项目（编号：23YTB039）资助。在此一并致以衷心的感谢！

限于作者水平，书中难免有不足之处，恳请读者谅解并提出宝贵意见，以供修订完善。

李 倞

2024年6月

目 录

序 言
前 言

第1章 碳中和与城乡生态环境 / 1

1.1 城乡生态环境建设应对气候变化 ··· 1
    1.1.1 全球气候变化应对 ··· 1
    1.1.2 城乡生态环境和气候变化的相互作用 ······················· 3
    1.1.3 风景园林与城乡生态环境应对气候变化 ···················· 4
1.2 城乡碳中和生态环境 ··· 6
    1.2.1 城乡碳中和生态环境的定义 ······································ 6
    1.2.2 城乡碳中和生态环境的综合效益 ······························ 6
1.3 城乡碳中和生态环境建设技术体系 ···································· 7
小 结 ·· 8
思考题 ·· 8
拓展阅读 ··· 8

第2章 直接减排途径 / 9

2.1 设计阶段途径 ·· 9
    2.1.1 遵循基于自然的解决方案 ··· 9
    2.1.2 尊重场地现状条件 ··· 11
    2.1.3 使用低碳建筑材料和绿色能源 ·································· 12

目录

  2.1.4 增加调节小气候功能的水体 ………………………………… 14
  2.1.5 增加城市农业生产空间 …………………………………………… 17
  2.1.6 平衡绿化和硬化空间 ……………………………………………… 19
  2.1.7 营造固碳的植物景观群落 ……………………………………… 21
  2.1.8 强化可再生能源使用 ……………………………………………… 23
  2.1.9 利用水资源循环收集系统 ……………………………………… 24
  2.1.10 满足长生命周期使用 …………………………………………… 26
  2.1.11 应用碳计算工具辅助决策 …………………………………… 28
 2.2 建造阶段途径 ……………………………………………………………… 29
  2.2.1 现有材料和工程构造利用 ……………………………………… 29
  2.2.2 采用绿色物流运输服务 ………………………………………… 31
  2.2.3 使用模块化建造单元 ……………………………………………… 33
  2.2.4 使用低碳环保材料 ………………………………………………… 34
  2.2.5 运用节能环保材料技术 ………………………………………… 36
  2.2.6 优先选择本地工人 ………………………………………………… 37
 2.3 维护阶段途径 ……………………………………………………………… 39
  2.3.1 建立全流程管理规范 ……………………………………………… 39
  2.3.2 采用植物粗放养护方式 ………………………………………… 42
  2.3.3 采用低碳足迹管理流程 ………………………………………… 44
  2.3.4 应用智慧管理养护技术 ………………………………………… 46
  2.3.5 应用生物水自净系统 ……………………………………………… 48
  2.3.6 应用节水灌溉系统 ………………………………………………… 50
  2.3.7 使用生物动力维护 ………………………………………………… 51
  2.3.8 应用有机肥料养护 ………………………………………………… 55
  2.3.9 循环利用多类型废弃物 ………………………………………… 56
小 结 …………………………………………………………………………………… 59
思考题 …………………………………………………………………………………… 59
拓展阅读 ………………………………………………………………………………… 60

第3章 碳汇提升途径 / 61

 3.1 植物碳汇提升 ……………………………………………………………… 61
  3.1.1 应用高碳汇乡土植物 ……………………………………………… 61
  3.1.2 应用高碳汇生长阶段植物 ……………………………………… 62
  3.1.3 应用深根性植物 …………………………………………………… 63
  3.1.4 种植高碳汇可持续群落 ………………………………………… 64
  3.1.5 循环利用植物废弃物 ……………………………………………… 67

3.1.6　应用立体绿化 ·· 68
3.2　土壤碳汇提升 ··· 71
　　3.2.1　土壤结构和生物多样性保护 ··· 71
　　3.2.2　城市渣土等废弃物堆肥利用 ··· 72
　　3.2.3　应用生物炭等土壤改良措施 ··· 74
　　3.2.4　运用土壤生态系统恢复措施 ··· 76
　　3.2.5　多年生草本混合种植 ·· 78
　　3.2.6　提升地被等低矮植物比例 ··· 80
　　3.2.7　增强岩石风化固碳 ·· 81
　　3.2.8　应用空气碳捕获装置 ·· 82
3.3　水体碳汇提升 ··· 84
　　3.3.1　采用雨水降污增汇技术 ·· 84
　　3.3.2　采用雨水花园等人工湿地 ··· 86
　　3.3.3　恢复水岸生态系统 ·· 89
小　结 ··· 91
思考题 ··· 92
拓展阅读 ··· 92

第4章　间接减排放途径 / 93

4.1　城乡小气候调节 ··· 93
　　4.1.1　小微绿地调节功能优化 ·· 93
　　4.1.2　开展空间挖潜绿化提升 ·· 94
　　4.1.3　运用水景小气候调节设施 ··· 97
4.2　绿色低碳城市构建 ··· 99
　　4.2.1　建设城绿融合的紧凑城市 ··· 99
　　4.2.2　构建连通便捷的生态网络 ··· 101
　　4.2.3　构建鼓励慢行的绿道系统 ··· 103
　　4.2.4　建设公平均衡的绿地系统 ··· 106
　　4.2.5　营建风适应开放空间系统 ··· 108
4.3　宣传与政策支持 ··· 111
　　4.3.1　志愿者引入和公众参与推动 ··· 111
　　4.3.2　开展低碳生活科普推广活动 ··· 113
　　4.3.3　建设环保低碳主题园区 ·· 116
　　4.3.4　编制策略指南和基金支持 ··· 119
　　4.3.5　推动构建碳汇认证体系 ·· 122
小　结 ··· 124

思考题 124
　　拓展阅读 125

第 5 章　辅助计算工具 / 126

　5.1　工具概述 126
　　5.1.1　计算工具汇总 126
　　5.1.2　计算范围 127
　　5.1.3　计算因子及地区适应性 127
　5.2　工具计算方法 128
　　5.2.1　输入输出数据 128
　　5.2.2　不同阶段计算工具的使用 129
　　5.2.3　不同尺度计算工具的使用 130
　　5.2.4　计算工具的使用难度 131
　5.3　碳排放计算工具 131
　　5.3.1　Embodied Carbon in Construction Calculator 131
　　5.3.2　东南大学东禾建筑碳排放计算分析软件 133
　5.4　碳汇计算工具 134
　　5.4.1　Integrated Valuation of Ecosystem Services and Trade-offs（InVEST 模型） 134
　　5.4.2　i-Tree 综合模块 135
　　5.4.3　National Tree Benefit Calculator 136
　5.5　混合计算工具 138
　　5.5.1　Construction Carbon Calculator 138
　　5.5.2　Landscape Carbon Calculator 139
　　5.5.3　Pathfinder 140
　　5.5.4　CURB 140
　　5.5.5　CarboScen 142
　小　结 143
　思考题 143

参考文献 144

第 1 章 碳中和与城乡生态环境

  生态环境是指影响人类生存和发展的一切外界环境条件的总体，包括自然和被人类改变的（如被污染的）环境（曲格平，1994）。城乡生态环境是生态环境的局地化和地域化（沈清基，2012），更加强调与城市和乡村人居空间的联系，与人类生产生活关系密切，可以发挥一系列满足人类社会生产和生活过程的生态效益，其中也包括"碳中和"效益。

  城乡生态环境发挥生态效益的能力是存在显著差异的，只有健康的生态环境才能高效发挥生态系统的服务功能，支撑人类社会的可持续发展。生态环境建设关系到国家的生态安全，在国际上已经被广泛关注（曲格平，2002）。对自然系统的持续开发和破坏以及对自然资源的过度消耗正在破坏生态效益的发挥，可以通过科学的规划、设计、建造、管理、维护和运营等措施，提升城乡生态环境的直接和间接减排、增汇能力，助力城乡"双碳"战略目标的实现。

1.1 城乡生态环境建设应对气候变化

1.1.1 全球气候变化应对

1.1.1.1 全球气候变化影响

  在过去百年的时间里，温室气体排放呈指数级增长，全球正在面临日益严重的气候变化影响。这些影响会造成许多地区极端温度的升高，有些区域将面临更加严重和长期的干旱问题，也会进一步加剧降水分布不均衡的状况，部分地区会遭受更加极端和频繁的暴雨影响。气候变暖将带来海平面的持续上升，许多低洼沿海地区、岛屿和湿地等都将受到影响，对滨海生态系统和人类生产生活造成风险。如果全球气候变化持续加剧，这种影响也将不断恶化，甚至造成不可逆的持续严重破坏。

1.1.1.2　全球气候变化应对方向

（1）净零排放

净零排放（net zero emissions）是指规定时期内人为去除或抵消排入大气的温室气体的人为排量（IPCC，2018）。通常，净零碳的实现需要采取一系列措施，包括提高能源效率、推广清洁能源、采用碳捕捉和封存技术等。

（2）碳封存

碳封存（carbon sequestration，CS）是指将碳储存在碳库中的过程（IPCC，2018）。它包括植物通过光合作用从大气中吸收二氧化碳，将碳储存在植物组织中，并通过根系将碳输送到土壤中，在土壤中长期储存的自然生物过程（Lynn，2020），也包括水体固碳或通过人工技术对二氧化碳进行捕获固定等措施。

（3）二氧化碳去除

二氧化碳去除（carbon dioxide removal，CDR）是指人为活动移除大气中的二氧化碳，并将其持久地储存在地质、陆地或海洋池库或产品中。它包括现有和潜在对生物或地球化学汇以及直接空气捕获和封存的人为增强，但不包括不直接由人类活动引起的自然二氧化碳吸收。目前，二氧化碳去除措施主要包括生物能源与二氧化碳捕获与封存相结合（bio-energy with carbon capture and storage，BECCS）技术、直接空气二氧化碳捕获和封存（direct air capture and carbon storage，DACCS）技术等（IPCC，2018）。这些技术可以通过吸收、转化或储存二氧化碳来减少大气中的温室气体浓度，从而减缓气候变化的影响。

生物能源与二氧化碳捕获与封存相结合技术（BECCS）是一种应用于生物能源设施的碳封存技术。它的基本原理是利用生物质能源（如木材、农作物、废弃物等）进行发电或热能生产，同时将产生的二氧化碳通过碳捕捉技术捕捉并封存到地下储存库中，减少向大气中排放的二氧化碳量（IPCC，2018）。

直接空气二氧化碳捕获和封存技术（DACCS）是通过技术手段从大气中直接捕获二氧化碳，并将其永久储存在地下或其他地方，进而减少空气中的二氧化碳含量。该技术使用化学吸附剂或其他方法从空气中捕获二氧化碳，然后将其压缩和储存，还可以与碳利用技术结合使用，如将捕获的二氧化碳用于生产燃料或其他化学品（IPCC，2018）。

1.1.1.3　中国"双碳"战略目标

（1）"双碳"战略目标的内涵

"双碳"战略目标是指2030年前实现碳达峰和2060年前实现碳中和目标。"双碳"战略目标是我国按照《巴黎协定》规定更新的国家减排自主贡献强化目标，是党和国家做出的重大战略部署，也是为了应对全球气候变化向世界做出的庄严承诺。"双碳"战略目标的提出将国家绿色发展之路提升至新的高度，实现"双碳"战略目标需要对国家社会经济体系进行一场广泛而深刻的系统性变革。

（2）实现"双碳"战略目标的挑战

我国目前实现"双碳"战略目标时间紧、困难多、任务艰巨，主要表现在三个方面。①新的发展方式转型难度大。中国传统产业耗能较大，绿色产业结构转型升级面临自主创新不足、关键技术"卡脖子"、生产成本上升等一系列挑战。②可再生能源使用和存储存在技术障碍。中国可再生能源的生产、运输、存储、调配等还存在一定技术瓶颈和成本偏高问题，从化石能源向可再生能源转变，需要在技术装备、系统结构、体制机制、投融资等方面进行全面变革。③深度脱碳存在技术和成本障碍。由于深度脱碳技术种类多、环节复杂、集成难和成本高，中国相关技术还不够成熟，产业化应用还存在困难（庄贵阳，2021）。

1.1.2 城乡生态环境和气候变化的相互作用

1.1.2.1 城乡生态环境对气候变化的影响

城乡生态环境建设对城市和乡村提升低碳韧性能力，减缓和适应气候变化，实现可持续发展具有重要意义。从自然做功来看，城乡生态环境作为城乡区域与大自然联系的纽带，可以美化城市空间、丰富城市景观，还有助于改善环境质量，提升城市居民生活品质，发挥包括固碳、调节气候、存储雨水等在内的一系列生态系统服务功能。为了强化城乡生态环境与碳相关的生态服务功能，在城乡生态环境建设管理过程中应充分考虑应对气候变化问题，使其成为实现城乡"碳中和"的重要支撑。

但是，城乡生态环境设计、建造和维护等过程同样会产生碳排放，造成负面影响。这些碳排放主要来自混凝土、钢铁等建筑材料的生产和建设过程，还有建设中对植被的扰动也会产生碳的释放。此外，建设和维护设备消耗的化石燃料也会产生大量碳排放。如果设计、建造和维护等过程不合理，还会进一步加剧碳排放问题（表1-1）。

表1-1 城乡生态环境建设对气候变化的负面影响

负面影响类别	具体危害
植被的清除	①植被破坏造成碳释放； ②土壤储存碳的流失； ③生物多样性丧失，生态服务功能降低，固碳能力降低
水泥及其制品的使用	①水泥等材料生产过程中排放二氧化碳； ②运输和使用过程中排放二氧化碳
钢、铝及镀锌产品的使用	①化石燃料燃烧释放二氧化碳； ②炼焦煤、炼钢时释放二氧化碳
家具和窑干木材的使用	①木材自身固定的碳释放； ②化石燃料燃烧释放二氧化碳； ③木材耐久性不足，更新替换会导致更多的二氧化碳排放
操作过程中的碳排放	①化石燃料发动机使用排放污染气体； ②合成化肥使用过程中释放一氧化氮等温室气体

1.1.2.2 气候变化对城乡生态环境的影响

气候变化同样会对城乡生态环境带来一系列影响。这些影响既包括对城乡生态环境本身组成要素的影响，也对城乡生态环境的功能定位、规划设计理念和运营管理提出新的要求。

气候变化所带来的气温和降水改变会对城乡生态环境的自然要素产生诸多影响，部分物种可能濒临灭绝，水文条件改变会对部分生境造成影响。这些都会带来生态系统服务功能的改变。

为了应对全球气候变化，城乡生态系统所提供的碳汇、小气候调节、雨水管理功能得到越来越多的重视，在城乡生态环境的建设和运营管理中开始越来越强调生态保护、防灾减灾、减排增汇等要求，强调基于自然的解决方案，需要更好地保护城市自然生态、减少开发建设对自然环境的影响、提升生态系统服务功能等。

1.1.3 风景园林与城乡生态环境应对气候变化

风景园林是开展城乡生态环境规划、设计、建造、管理、维护和运营的重要学科，通过链接自然与城乡区域，实现城乡生态环境应对气候变化，为城乡可持续发展提供保障。

风景园林在城乡生态环境应对气候变化方面主要包括两种方式。①构建更有韧性的城乡生态环境，增强城市对气候变化影响的适应能力；②减少碳排放量，强化城乡生态环境的碳汇功能，减缓全球气候变暖进程。目前，国内外强化城乡生态环境应对气候变化能力的风景园林策略主要包括气候积极性设计、低碳景观设计、低碳弹性景观设计、降温景观设计、基于自然的解决方案等新的理念方向。

1.1.3.1 气候积极性设计

气候积极性设计（climate positive design）是一种旨在通过减少温室气体排放并增加碳封存来积极应对气候变化的综合性规划和设计方法。该方法需要跨学科合作和综合分析，从而确保在规划设计过程中充分考虑气候变化的影响，并采取适当的措施来减少排放、增加碳固定和提高适应能力，在减缓和适应气候变化的同时提供多种社交、文化、环境和经济促进的协同效益。

气候积极性设计主要遵循四个关键步骤：测量（measure）、减排（mitigate）、抵消（offset）和验证发布（certify and disclose）（AILA，2022）。测量是对项目目前的碳排放量进行计算。减排是采取相关规划设计、管理等策略减少碳排放。抵消是在前阶段工作完成后，采取相关生态规划设计和管理等措施增加自然碳固定的能力，抵消项目碳排放甚至产生额外碳汇。验证发布是每年对项目进行碳排放与碳吸收的测量，并将结果进行公开发布。

1.1.3.2　低碳景观

低碳景观（low carbon landscape）是从战略决策、材料使用到管理维护等全流程环节都遵循低碳原则。从风景园林的角度来看，我们可以用低碳策略直接指导城乡生态环境建设项目，也可以在规划中构建城乡生态环境系统，发挥生态支持作用。

1.1.3.3　低碳弹性景观

低碳弹性景观（low carbon resilience landscape）是对低碳景观在适应气候变化方面的拓展，主要是一种将适应气候变化和减缓温室气体排放整合起来的措施。这种结合可以在一个城乡生态环境建设项目中实现多重效益，既节约了空间资源，又提高了投资回报效益，同时可以产生经济、环境、社会和卫生等方面的综合生态服务效益（Erica & Shift，2018）。

1.1.3.4　降温景观

随着全球气候变化，城市热岛效应变得越来越严重，使人们不愿步行或骑自行车，也不愿意开展户外空间使用，从而增加了室内空调等能源消耗。降温景观（cooling landscape）主要是建立能够改善室外空气温度的空间环境，减少城市的热岛效应，改善室外热舒适度，促进居民开展户外活动，使用慢行交通出行方式，降低环境维持等能源消耗，从而达到减少碳排放的目的（Ruefenacht & Acero，2017）。

降温景观主要涵盖七个方面的主要内容：①增加具有高反照率和低热导性的植被，减少城市地区入射太阳能的积累；②调整城市设置位置、建筑布局、建筑高度和形状等，创造舒适的阴影和通风环境；③增加调整小气候环境的水体；④城市地表和材料的变化会影响城市气候和城市热平衡，城市空间设计或改造考虑建设材料的热性能；⑤提供舒适的城市遮阴环境；⑥所有减少交通拥堵的措施都可以视为减少来自车辆的热通量的缓解措施；⑦降低建筑室内环境维持的能源消耗，减少碳排放（Ruefenacht & Acero，2017）。

1.1.3.5　基于自然的解决方案

基于自然的解决方案（nature-based solutions，NbS）是对自然生态系统和经过改造的生态系统进行保护、可持续管理和恢复的行动，这些生态系统可以有效地、适应性地应对气候变化、生物多样性丧失、粮食安全和清洁水资源短缺等带来的挑战，为社会提供强大的自然生态功能替代方案，为人类福祉营造和自然生物多样性提升带来综合益处（CSLA AAPC，2020）。

基于自然的解决方案的提出主要遵循以下原则：①能够有效应对某种社会挑战；②要根据规模进行适度设计；③产生提升生物多样性和生态系统完整性等正向效益；

④具有经济上的可行性；⑤要采取体现包容、公开的方案治理过程；⑥公平地实现目标，平衡多种利益；⑦要基于循证研究成果进行适应性管理；⑧要获得政策支持，实现可持续发展（IUCN，2020）。

1.2　城乡碳中和生态环境

1.2.1　城乡碳中和生态环境的定义

碳中和要求在一定时间内直接或间接产生的二氧化碳或温室气体排放总量，通过节能减排等形式，实现正负抵消，甚至产生额外的减排效能。城乡生态环境是城乡区域影响人类生存和发展的一切外界自然和人为改造的环境。

城乡碳中和生态环境是碳中和和城乡生态环境的结合，要求城乡生态环境实现碳中和目标，并尽可能产生更大的额外减排增汇效益，支撑更大范围城乡区域碳中和目标的实现。它要求在城乡生态环境规划、设计、建造、管理、养护、运营、更新等全生命周期内尽可能减少碳排放，最大化提升碳汇能力。

1.2.2　城乡碳中和生态环境的综合效益

（1）生态效益

通过建设具有稳定结构、生物多样性和弹性适应性的城乡碳中和生态环境，可以产生综合的生态效益，包括发挥积极的气候调节和适应功能，进一步改善生物多样性，保持土壤和水环境的健康性，提供满足人类生存的清洁空气、食物和水等。这些都可以直接或间接为实现城乡碳中和目标提供支撑。

（2）社会效益

城乡碳中和生态环境作为改善城乡人居环境的重要自然支撑，不仅可以提供直接应对气候变化的生态功能，还可以促进实现所有社会成员的公平和正义。随着气温的上升，采取行动应对气候变化可以带来协同社会效益，包括抵御极端高温和暴雨等极端天气事件的能力，增强城乡社区的社会复原力和自给能力。在气候变化危机中，社会弱势群体往往会受到更大的威胁，气候变化造成高温热浪会诱发一系列疾病，极端降雨将对他们的生活产生更大影响，空气污染加剧呼吸系统疾病等人体健康威胁。城乡碳中和生态环境建设可以更好地提升人们应对气候变化的能力，并有助于改善人们的身心健康，从而创造更大的社会公共福祉。

（3）经济效益

城乡碳中和生态环境建设可以用于支持城乡区域的碳中和目标实现，这是一种生态价值产品，可以产生直接的经济价值。城乡碳中和生态环境可以可持续地经营，通过投资新的可持续产业、增加就业以及提供相关的技能提升机会，为城乡区域经济带来新的稳定增长机会。同时，城乡碳中和生态环境可以为城乡区域带来吸引人才和投资的机会,发挥巨大的经济支撑作用。

(4)文化效益

城乡碳中和生态环境建设可以用于刺激城乡公众采取积极气候变化应对的公共行动,健康的公共行动可以提升公众的社会责任感,促进社会的和谐,提升公众对城乡生活环境的文化认同感,共同投身城乡生态环境的保护和维护,实现文化效益的可持续提升。

1.3 城乡碳中和生态环境建设技术体系

以碳中和为目标的城乡生态环境是指在一个项目的全生命周期内,将"减缓""适应"和"弹性"结合,充分发挥城乡生态环境的直接减排、增加碳汇和间接减排功能。直接减排旨在控制城乡生态环境全生命周期的碳足迹,在设计阶段、建造阶段以及运营维护阶段采取相应的措施实现项目的长期节能减排。增加碳汇旨在强化城乡生态环境本身的碳捕获能力。城乡生态环境可以通过光合作用将大气中的二氧化碳吸收并固定在植被与土壤当中,主要包括植物碳汇、土壤碳汇和水体碳汇三种类型。间接减排旨在实现城乡生态环境更大范围的被动减排,包括调节小气候、完善城市绿地系统以及加强活动宣传和政策扶持等内容,可产生多元社会效益(图1-1)。

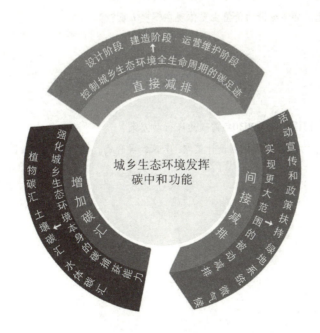

图 1-1 城乡碳中和生态环境功能框架(李倞 等,2022)

小 结

　　生态环境作为人类生存与发展的基石，涵盖了自然及人工干预的自然环境。城乡生态环境深刻影响城市与乡村居民的生活空间，对社会的生产活动及生活方式产生深远作用，城乡生态环境的建设对推进碳中和目标具有不可忽视的重要影响。一个健康的生态环境，能够有效发挥生态系统的服务功能，支撑社会的可持续发展，其保护与建设直接关系到国家的生态安全，成为国际关注的焦点。

　　城乡生态环境在应对气候变化中扮演了至关重要的角色。通过科学合理的规划、设计、建造、管理及维护，不仅可以提升城乡生态环境的低碳韧性，还强化了其固碳、调节气候等生态服务功能。同时，建设过程中的碳排放问题也不容忽视，需采取有效措施加以控制。此外，城乡生态环境可以作为提升城乡居民碳中和意识和鼓励绿色生活的重要空间载体，发挥一系列间接气候变化应对效益。

思考题

1. 什么是"碳中和"？它为何成为全球关注的重点？
2. 简述净零排放、碳封存和二氧化碳去除三种应对气候变化策略的区别与联系。
3. 中国"双碳"战略目标的具体内涵是什么？实现这一目标面临哪些主要挑战？
4. 城乡生态环境建设如何支撑全球气候变化应对？
5. 城乡碳中和生态环境建设的价值主要体现在哪些方面？

拓展阅读

1. 中华人民共和国国务院《2030年前碳达峰行动方案》.
2. 碳中和目标下的风景园林规划设计策略. 李惊, 吴佳鸣, 汪文清. 风景园林, 2022, 29（5）: 45-51.

第2章 直接减排途径

在设计、建造和维护等阶段，城乡生态环境本身会产生不同程度的碳排放，需要针对其全生命周期的碳足迹采取多样化技术措施，实现项目的长期节能减排和可持续发展。

2.1 设计阶段途径

2.1.1 遵循基于自然的解决方案

自然生态系统可以发挥多种形式的生态系统服务功能，但是目前在设计中往往重视不足，许多过度的设计措施造成了自然生态系统服务功能的持续衰退。

设计可以遵循基于自然的解决方案理念，让"自然做功"，最大限度地发挥自然生态系统的净化能力，减少碳排、增加碳汇，实现碳中和目标。

2.1.1.1 主要方法与策略

基于自然的解决方案是一种可持续保护、管理、恢复自然生态系统和改良生态系统的行动，从而有效地、适应性地应对社会挑战，并造福人和自然（IUCN，2020）。基于自然的解决方案主要是利用自然生态系统的力量，以自然作为对生态工程材料、结构、过程和系统进行设计、研发和施工的技术灵感来源。

在城乡生态环境设计中，可以基于自然的解决方案，主要通过保护和恢复自然生态系统和建立城乡绿色基础设施系统，减少碳足迹（表2-1）。

表2-1 基于自然的解决方案减少碳足迹

策　略	主　要　内　容
保护和恢复自然生态系统	①保留和保护现有的生态系统，特别是高碳汇能力的生态系统； ②消除入侵植物和干扰因素；

（续）

策　略	主　要　内　容
保护和恢复自然生态系统	③恢复多样化的乡土植物群落； ④提供气候变化应对多样化生态系统服务功能
建立城乡绿色基础设施系统	创建一个由连通的蓝绿空间组成的绿色基础设施网络，实现碳汇、气候调节、雨水管理、空气净化、鼓励公众慢行等功能，实现固碳并降低城市碳排放

2.1.1.2 案例分析

杭州江洋畈生态公园

【项目概况】

该项目是一个由西湖疏浚淤泥堆积形成的生态公园。自1999年西湖疏浚淤泥被输送到该地后，经过近十年的自然演替，这片区域逐渐演变为茂盛的沼泽林地，成为昆虫、鸟类和小型哺乳动物的栖息地。当地政府于2008年决定在此基础上建设生态公园和博物馆，旨在保护和展示这一自然环境，同时为市民提供休闲和教育的场所。设计充分尊重江洋畈的特有场地特征，体现了自然演替的过程和人与自然和谐相处可持续发展的理念（王向荣 等，2019）。

【策略应用】

设计最大程度地利用现有的自然地形和植被，减少了大规模的土方工程和人工干预，疏浚淤泥中携带的植物种子自然萌发，逐渐演替成为新的植物群落。栈道结合淤泥现状条件开展设计，不仅带来了丰富的视觉体验，也为参观者提供了一系列观察平台和休息场所。设计还提供了科学完善的生态教育平台，使公园成为一座持续演替的露天自然博物馆。设计注重对场地进行科学合理的干预，将其提升至更健康的状态，实现了对场地资源的最大化利用，同时科学布置场地使用场所，使其成为一个具有弹性适应性的"人工—自然复合生态系统"（图2-1）。

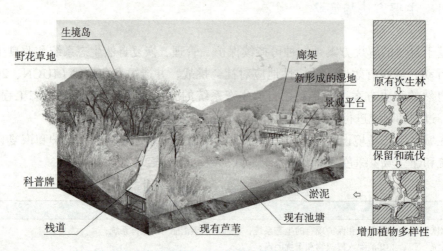

图 2-1　杭州江洋畈生态公园基于自然演替的景观结构（王向荣 等，2019）

2.1.2 尊重场地现状条件

设计如果仅仅追求单纯美观，往往会忽视对场地现状条件的尊重，造成场地的大规模改造，进而产生额外的碳排放。

设计应避免对场地地形、水体、植被等自然条件进行过度改造，以免造成不必要的碳排放。设计师应利用专业技术对规划设计场地现有资源与威胁进行全面、准确的评估，确定场地具有价值的自然和文化特征，开展适应性设计（李宝章 等，2023）。

2.1.2.1 主要方法与策略

不论是新建项目还是更新改造项目，都应在前期确保设计的科学性和决策的合理性，避免因追求风格化和表面化，开展不必要的建设和更新，结合功能的适度设计和后期低维护的运营管理能够实现尽可能低的碳排放。

设计遵循轻微改造的理念，最大化保留和发挥场地特色，考虑更简单、持久的细节，不过分追求复杂的细节，使用更坚固和低碳的材料。在条件允许的情况下，将城市更新与既往设计进行衔接，在重建前考虑回收利用旧设施和材料等（表2-2）。

表2-2 尊重场地现状条件的适度设计方法

策略	主要内容
保留和保护场地中现存的地形和植被	①尽可能保留现状地形，减少对地形的改造； ②尽可能保留和保护场地中的大树，以储存碳； ③围绕保留的树木进行设计，考虑地下水位和日照的变化； ④尽可能回收砍伐的木材，以保护储存的碳； ⑤保护自然生态系统和其他相关的生态系统
减少拆除，回收和再利用材料	①在前期的概念设计阶段，检查哪些设施和材料可以保留和重新使用； ②通过翻新和适应性再利用来激活现有建筑、构筑物和可利用元素； ③在现场回收拆除材料，保护有价值的资源，在可行的情况下尽量减少对土壤的干扰； ④收集现场表土，以备重新使用，确保不同土层分别管理

2.1.2.2 案例分析

阿联酋阿布扎比阿尔费公园（Al Fay Park）

【项目概况】

该项目重新创造了城市自然，将具有包容性的自然环境作为城市发展的新动力。为了提高动植物多样性和沙质土壤的保水能力，项目种植逾2000株本土乔灌木，形成可持续的本地自然群落，并将自然风引入，由此形成小气候，减轻城市的噪声污染，增强自然降温效益（图2-2）。

图 2-2　阿尔费公园基于场地条件的植物景观营造（SLA 设计事务所供图）

【策略应用】

设计对该地区地理和野生动植物资源条件开展了持续1年的研究，发布了《植物手册》。手册主要涵盖本地植物种类和生长习性等内容，并提出了如何结合本地条件开展植物设计的关键策略。通过基于场地条件的种植设计、土壤改良和循环灌溉系统构建，设计大大降低了种植成本和水源消耗，并吸引了更多的昆虫、鸟类和小型哺乳动物，实现了场地减排和增汇功能的提升。

2.1.3　使用低碳建筑材料和绿色能源

生态环境中建筑和构筑物的建造是重要的碳排放来源，主要包括隐含碳和运营碳，控制材料隐含碳将对降低碳排产生快速而积极的影响，同时要尽可能在设计中运用绿色建筑技术，降低未来运行能耗。

设计使用低碳环保材料和绿色环保施工方式的建筑和构筑物。同时，通过被动式建筑设施设计顺应气候等自然条件，尽可能减少在运行过程中人工降温、通风、采光等所产生的碳排放。

2.1.3.1　主要方法与策略

尽可能选择低碳建筑材料和节能产品。使用专业的评估工具辅助材料选择，选择绿色建筑设施产品，了解低碳建筑材料的最新信息，使用性能更好、碳更低的混凝土等材料，使用经过可靠管理计划认证的制造商的低碳钢材等。

采用适应自然气候条件设计的被动式建筑设施。减少人工降温、通风、采光等所产生的碳排放，利用太阳能所产生的光和自然风等来改善室内环境（表2-3）。在项目初期设定可核查的排放目标，与材料供应商和建筑设施制造商充分沟通，尽可能推广使用低碳替代品。

表2-3 利用太阳能、自然光和风等降低建筑能耗的做法

策略	主要内容
采用屋顶绿化	①屋顶绿化能够用于隔热和冷却建筑，减少建筑能耗，同时减缓雨水排放，提供栖息地，实现生物友好； ②屋顶绿化可以与太阳能电池板相结合，发挥更好的能耗降低效率
采用浅色屋顶	浅色屋顶吸收的热量较少，减少了室内降温需求
采用绿墙	①绿墙提供冷却效益，但可能需要消耗水和能源，需要综合评估； ②在适合的气候区，利用循环水或再生水进行灌溉的情况下，可以适当采用这些措施
采用高反照率材料	高反照率材料能够降低建筑热岛效应
利用树木为建筑遮阴	树木等植被可以通过遮阴和蒸腾作用降低建筑和周边环境温度，减少建筑能源消耗
采用节能照明	选择节能高效的照明灯具，尽量减少光污染和栖息地干扰
减少水泵等主动水循环设施使用	①设计被动式水循环和废水处理系统，最大限度地减少泵和其他马达能源的使用； ②在必要的情况下，尽可能采用能量利用率较高的水景，优化泵的尺寸并使用变频驱动，最大限度地减少能源使用
减少机械电气等能源消耗	对设备进行适当的尺寸设计，并考虑全生命周期的能源使用，在可能的情况下选择更高效的系统

2.1.3.2 案例分析

丹麦森纳堡电动车充电站

【项目概况】

该项目是使用可再生能源的试点项目。建筑主要采用木结构设计，在创造一种舒适驾车充电体验的同时，促进可再生能源的使用、绿色技术的运用和公众环保意识的提升。

【策略应用】

项目采用透水路面、利用自然环境中的休闲空间以及生物基材料，全面践行绿色生态环保的理念。建筑使用了交叉层压工艺制造的木材材料，这种材料具有很好的低碳减排效能。设计采用模块化网格系统，便于以后扩建或缩小规模来适应新的功能需求，同时还能轻松拆卸建筑部件并重新利用（图2-3）。

项目场地还与当地生态系统以及野生动植物栖息地进行了连接。充满生机的本地植物环绕充电站，为使用者提供了在生物多样性环境中开展自然体验的空间。

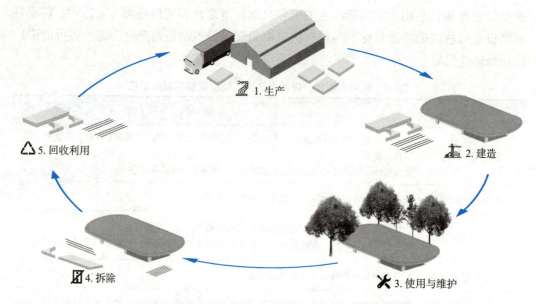

图 2-3 丹麦森纳堡电动车充电站绿色低碳材料循环利用

2.1.4 增加调节小气候功能的水体

城乡生态环境中的水体具有调节环境温度、湿度、风速,促进人体与所处环境热交换的功能(卞晴 等,2020)。随着城镇化问题的突显,运用水体景观的调节策略,改善小气候环境,促进碳中和目标实现具有重要价值。

发挥水体环境的直接降温增湿作用,可以减少人工气候调节所产生的碳排放,通过采用因地制宜的水体景观调节策略,使得水体的小气候调节效应得到最大限度的发挥,降低环境热岛效应。

2.1.4.1 主要方法与策略

因地制宜地提出水体景观的调节性策略(表2-4),设计多样化的带有地域特征的水体景观形式,发挥水体对功能活动区的降温增湿作用,减少不必要的人工调节。同

表2-4 水体景观的调节性策略

策　略	主　要　内　容
增加水道植被	通过增加水道植被,构建水健康生态系统
拆除混凝土屏障和结构	拆除混凝土屏障和结构,开展水景近自然化改造
重建湿地	重建人工湿地,创造出具有美感的水景和具有吸引力的舒适场所
保护河岸缓冲地带	在水道的河岸地带植树造林,并保护这些缓冲地带
保护地下水系统的补给区	保护地下水系统的补给区,实现水源和水循环健康
收集处理城市雨水	允许洁净雨水和经过处理的城市雨水渗透,补充地下水资源

时，注意水体调节功能与植被调节功能的协同效益，水体的自身物理特征、周围的环境特征和植被特征都会对水体自身的调节功能产生影响。

另外，将水体气候适应性的量化成果作为设计的重要依据，结合水体自身的物理特征和周围环境因素采取相应的减排策略（表2-5）。

表2-5　水体景观调节性作用（卞晴 等，2020）

类别	要素	主要内容
自身物理特征影响	水体形状	线状水域作为低温廊道，其特有的贯通性与连续性能有效分割城市热岛的聚集形态、阻隔热岛效应的区域扩张，为城市热岛内外的热交换提供散热途径
	水体面积	①水体表面蒸发面积可使多余热量以潜热形式消散，进而保持局部热交换平衡； ②水体覆盖面积达到一定阈值时，水体气候调节可以发挥出最高水平，并保持在相对稳定的范围内
	水体状态	①喷泉、跌水等小型动态水体，在高压水柱作用下转化为水分子，可显著降低局地温度； ②水雾的降温增湿效应与风速呈正相关并以下风向最为显著； ③水体不处于干涸或是盈满的静止状态时，人工充放水过程均可强化水体原有冷却能力
	水体分布	从水体面积占比、水体形状指数、水体偏离角度和水体偏离距离等角度来看，分散式水体降温增湿及通风能力均明显优于集中式
外部空间特征影响	水体气候调节性离不开外部空间特征对其作用强度及传播范围的影响	水体水平方向气候效应随用地性质、空间布局与形态、街道几何形态及建筑密度的变化而改变
植被特征影响	滨水植被是具有气候调节效应的重要自然下垫面	①植被覆盖率、种植结构、绿地宽度是强化水体水平方向温湿度效应的主要因素； ②乔—灌—草复合种植结构可增强效应的强度

2.1.4.2　案例分析

（1）美国纽约佩蕾公园（Paley Park）

【项目概况】

该项目占地约400m²，为喧哗的城市建成区提供了一个安静、舒适的城市绿洲。通过跌水、树阵广场、轻巧设施和空间组织的精心设计，使其成为世界口袋公园设计的典范。

【策略应用】

6m高的水幕墙瀑布是整个项目设计的精髓。作为整个公园的背景，瀑布水景制造出来的流水声掩盖了城市的喧嚣，同时潮湿的水汽使人如同置身于自然之中，让人感受到舒适的小气候环境，使其成为极受公众喜爱的小微公共空间（图2-4）。

图 2-4 佩蕾公园水景

（2）美国诺默尔上城圆环水景（Uptown Normal Circle）

【项目概况】

该项目将可持续性、娱乐和交通融为一体，通过圆形水景为区域增添了一个具有强烈地标性的绿色舒适空间，为区域发展和健康生活注入了新的能量。

【策略应用】

项目采用一系列同心圆水池，形成向中心喷水的景观。这种水景设计简单而有效，不仅强化了向心性，同时掩盖了周边道路交通产生的噪声，并调节了夏季的小气候环境（图2-5）。沿喷泉设计的休息座椅吸引了大量居民和游客，激活了空间活力。设计同时考虑了冬季使用，当冬天水景关闭时，这里还可以成为露天座位，创造了冬季充满阳光的休闲空间。

图 2-5 诺默尔上城圆环水景

2.1.5　增加城市农业生产空间

城市范围的扩大使城市与农业生产的距离越来越远，食物从城外农田到达城市餐桌的距离增长，农产品的运输碳排放也会随之增加。

城市农业是适应和减缓气候变化，辅助实现城乡碳中和的重要举措，不仅可以利用城市生产能力和资源，为城市居民提供安全、健康和可持续的食物（Larsen et al.，2009），还可以缩短食品运输的距离，减少运输食物的能源需求，并且实现城市固体有机废弃物的本地化循环利用。此外，结合公园绿地等进行生产性景观建设，能够在强化农业生产的同时增加城市绿化面积、改善城市环境，缓解城市"热岛效应"（李惊，2011），提供多样化的城市公共空间。

2.1.5.1　主要方法与策略

发展城市农业可采用主要策略见表2-6所列。

表2-6　城市农业发展主要策略（马恩朴 等，2021；李惊，2011）

策　略	主　要　内　容
发展城市立体农业	①在高密度的城市空间中，可以从立体的角度寻找能够支持农业生产的城市空间，主要包括利用被忽视的城市空间，激活城市构筑物的顶部空间、垂直的立面空间以及多层次的立体空间； ②应用营养液栽培、气雾栽培体系、立体多层种植、导光装置和有机发光二极管（OLED）等设施和技术，进行立体农业生产
发展城市社区农业	①通过开发社区低效率使用的空间，将社区花园、绿地等公共空间、住宅庭院空间与城市农业结合在一起，发展具有综合服务功能的社区农业； ②在为居民提供近距离的食物来源的同时，社区农业能够通过生产性的活动将社区的居民联系起来，拉近社区居民的关系，并使居民在劳动中接受科普教育
建设城市农业公园	①将蔬菜、水果、粮食、药材等作为农业公园建设的植物素材，使生产性植物与城市公共空间相融合； ②在城市中进行较大面积农业生产，提高城市的食物生产能力
采用资源节约型生产方式	①在城市农业中选择节水型的农作物和种植管理方式，避免农业生产对水资源的大量消耗； ②采用收集城市雨水、净化再生水和有机物生活垃圾堆肥的方式进行城市农业生产，重建城市物质循环，发挥城市农业的环境效益

2.1.5.2　案例分析

（1）美国西雅图灯塔食物森林（Beacon Food Forest）

【项目概况】

该项目是美国重要的社区农业花园，最初由四名大学生在设计课上提出，后来通过与设计师合作，向市政府沟通获得支持，开始了灯塔食物森林项目。整个项目将草地改造成一个多样化的生态系统，为当地社区居民提供新鲜、健康的食物。现在，该项目用地已经具备肥沃的土壤，成为传粉媒介的栖息地，发挥了减缓气候变化、雨水过滤和教育学习等多种综合功能。

【策略应用】

项目通过开发低密度社区的低效率使用土地，将公共绿地空间与城市农业融合在一起，发展具有综合服务功能的社区农业。在灯塔食物森林中种植的蔬菜，部分供给食品银行（food bank），其余免费提供给当地居民采摘，满足了更多低收入人群的需求，公平地向城市区域内居民提供健康食物。近距离的食物来源能够起到减少碳足迹的作用，灯塔食物森林同时开展丰富多样的生产性活动、教育科普活动，这些活动引导居民走出家门，建立低碳的户外健康生活方式，也产生了间接减排的效益（图2-6）。

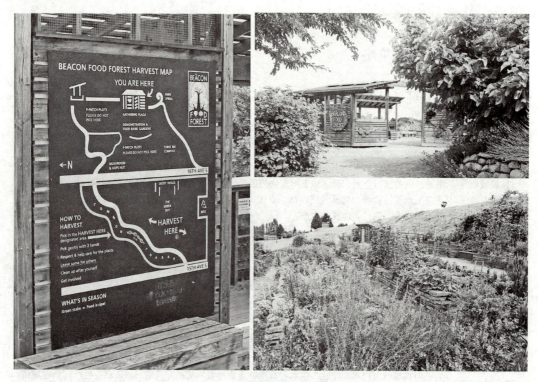

图2-6　西雅图灯塔食物森林

（2）以色列迪岑歌夫（Dizengoff）屋顶绿色农业

【项目概况】

该项目位于特拉维夫市的购物中心屋顶，是一项社区农业水培项目。项目由生产区和参观区组成，除了生产叶菜的水培系统、鱼菜共生的人工池塘和屋顶生态花园以外，还有10个蜂房以及一个种有1400多棵树的苗圃。

【策略应用】

项目种植的新鲜蔬菜供给周边2km范围内的城市居民，同时向购物中心内的多家餐馆供应蔬菜，以减少城市碳足迹。该项目采取的水培系统无须除草剂和杀虫剂，相比

| 参观区 | 生产区 | 蔬菜产品 |

图 2-7　特拉维夫迪岑歌夫屋顶绿色农业（引自 https://livingreenglobal.com/urban-farming-in-israel/）

传统的土壤种植方法减少了20%的用水量，具备显著的环保效益（马恩朴 等，2021），在环境、经济、社会多个层面实现了城市农业的综合服务功能（图2-7）。

2.1.6　平衡绿化和硬化空间

城乡生态环境作为人口密度高、经济发达地区最主要的绿色生态资源，具有不可或缺的碳汇价值和多重生态系统服务功能。但是，高度城市化区域用地紧张、绿化增量空间有限、立地条件差（张桂莲 等，2022），需要对绿化自然空间和硬化功能空间进行平衡。

在满足功能的前提下减少硬质景观，并在合适的气候条件下结合立体绿化、垂直绿化等手段，合理地拓展更多可绿化空间，在建筑密度大、人口集中、用地紧张的城市环境中增加绿量和绿化覆盖率，并与城市绿地系统连通，提高城乡生态系统的功能性（朱红霞、王铖，2004）。

2.1.6.1　主要方法与策略

设计结合功能需求，尽可能减少硬质空间的面积，减少不必要的设施，有助于直接增加地面可绿化空间，提升绿地碳汇能力，也能够间接减少施工中的材料能耗及碳排放量。

从立面空间与平面空间的维度，通过设计拓展更多可绿化空间。立面空间主要包括建筑物墙面、围墙、栅栏、建筑及高架桥立柱等。平面空间主要包括建筑物的屋顶、露台、阳台、空中平台、开敞走廊，以及建筑物架空层、高架桥下等城市灰空间（表2-7）。

表2-7　城乡主要可绿化空间汇总（傅徽楠，2004；黄骏 等，2020）

类　型	具体位置	主　要　内　容
立面空间	建筑物墙面	运用垂直绿化，种植攀缘、悬垂植物，形成独具特色的绿色立面
	围墙、栅栏等	
	高架桥立柱	

(续)

类 型	具体位置	主 要 内 容
平面空间	屋顶、露台等	开敞型屋顶绿化或花园式屋顶绿化空间
	开敞走廊、阳台等	最大化利用空间，营造绿色公共空间节点
	室外中庭、建筑架空层等	与交通组织、周围环境、建筑形态融合的绿化
	高架桥、立交桥下空地	活化消极空间，种植耐阴植物，与周围环境融合

2.1.6.2 案例分析

新加坡绿洲露台（Oasis Terraces）

【项目概况】

该项目是新加坡新建的社区中心，主要为公共住房提供社区服务。设计中充分利用立体空间营造花园，在社区中不但发挥美学作用和生态服务功能，更是通过各种公共活动，增进社区居民的联系。

【策略应用】

设计师运用花园露台、屋顶花园、框架阳台，使社区中心内的公共空间及建筑物的每一个可见的立面都覆盖上绿色植被。结合高差设计了一系列郁郁葱葱的花园露台，并串联多个社区公共设施，植物成为室内外空间的缓冲器，将不同层次的立体空间融为一体，在满足交通需求的条件下将硬质与绿化空间巧妙结合（图2-8）。

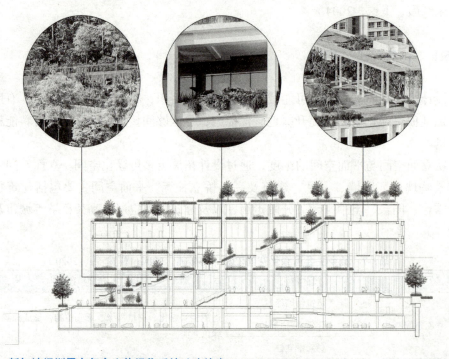

图 2-8　新加坡绿洲露台复合立体绿化系统（改绘自 https://www.serie.co.uk/projects/369/oasis-terraces）

设计同时以20世纪70~80年代住宅建筑上常见的开放式框架为灵感，创造了具有轻盈感与开放感的绿色阳台和具有生产功能的屋顶花园。城市农业种植床作为屋顶花园的重要特色，通过集体园艺项目拉近居民间的关系。

2.1.7 营造固碳的植物景观群落

在城乡生态环境的植物设计中，如果仅追求美学特色，将导致树种选择与群落配置的不合理，不利于植物碳汇功能的高效发挥。

在群落配置中，要选择能够适应本地气候条件的树种，构建适宜本地的可持续植物群落空间，充分考虑近期效果和长远规划，保证植物碳汇等生态功能的发挥。同时，要综合分析植物全生命周期中的碳排放与碳汇情况，选择在全生命周期中二氧化碳的吸收量远大于其在运输、种植、生长呼吸、养护管理过程中二氧化碳排放量的植物种类（包志毅、马婕婷，2011）。

2.1.7.1 主要方法与策略

设计碳积极的植物景观手段包括内容见表2-8所列。

表2-8 碳积极植物景观主要设计手段汇总（Climate Positive Design，2023；包志毅、马婕婷，2011；徐昉 等，2023）

策略	主要内容
最大化合理种植	增加绿化率，在平衡功能的前提下，尽可能提升绿化空间
种植乡土植物	乡土植物对环境的适应能力强，支持生物多样性，并形成菌根网络和强健的地上地下生态系统，实现碳封存
选择碳汇高、绿量高的植物	植物固碳量一般与种类、叶面积指数等有关，树干越高大、叶片层次越多，叶面积指数越大，则固碳释氧能力越大。要综合植物景观的观赏需求，进行丰富多样的树种搭配，最大限度发挥固碳释氧能力
种植低养护高碳汇草地	主要用本地、耐旱、低用水量的多样性草地代替高维护草坪，创造健康土壤生态环境
设计自然式的植物景观	自然式植物景观强调生物多样性和稳定性，植物的光合效率更高，固碳能力更强
保持适当的植物种植密度	植物的种植密度太低，叶面积指数小，碳汇作用下降；种植密度过高，植物生长不良，光利用效率下降，碳汇作用也会降低，要选择适宜的植物密度
增加植物种类和配植类型多样性	地上地下多层种植，种植不同高度、形态和根系结构的植物，形成复杂、适应性强、健康的生态系统，可以最大限度地提高碳封存能力、生态恢复力和生物多样性
注重湿地植物的保护与修复	湿地植物能够为微生物提供适宜的生存空间，从而影响水体和周边湿地的碳储存，对湿地固碳起到极为重要的作用
与周围绿地建立联系，完善植物网络	植物设计要考虑与周围现有绿地的联系，发挥协同效益，形成城市绿地碳储集中区和城市碳库

2.1.7.2 案例分析

北京温榆河公园

【项目概况】

该项目位于北京中心城区的东北边缘区，基于"生态、生活、生机"理念开展设计，是由一系列绿色空间组成的公园群。位于公园西北部的未来智谷是北京市首个碳中和主题公园，成为以低碳为理念的"绿色生活体验场"。

【策略应用】

设计生态留野区，严格维持现状，采取封闭式管理，从而保护好现状植被及生态系统，并用来观察监测生态演替情况，为植物群落可持续发展提供基础。设计模仿自然林地的生境，栽植自维护、低干预的植被，应用复层种植、异龄种植、混交种植等理念和策略，采用了大面积混交式近自然林的种植模式（图2-9）。在林地设计中，重点配置固碳能力强且易于维护的乡土植物，如《北京植物志》记录在册的2233种植物中，温榆河公园朝阳示范区使用了361种；《北京市城市森林建设指导书》推荐乡土植物132种，示范区使用了117种（北京市园林绿化局，2021；黄通 等，2022）。

图 2-9 北京温榆河公园的碳积极植物景观（陈路平 摄）

2.1.8 强化可再生能源使用

在节能减排的过程中，城乡生态环境不仅可以通过减少能耗的方式减排，还可以通过可再生能源代替传统能源做到减排。

设计应结合本地气候和环境条件，选择可再生能源作为城乡生态环境的主要能耗来源，如太阳能热水、空气源热泵、地源热泵、风力涡轮机、太阳能电池、生物能源等技术应在城乡生态环境中进行更广泛的示范和推广。此外，强化对可再生资源的循环利用，如多种类型的降水资源、城市中水等，也能够有效减少碳排放。

2.1.8.1 主要方法与策略

在生态环境设计中应用可再生能源是一种创新且可持续的方法，可以在促进环境保护和提高能源利用效率。

设计使用太阳能光伏系统，重点集成太阳能光伏板，如在停车场遮阳棚、步道廊架等结构上安装光伏板，或者把太阳能板安装在水渠、废弃地和现有的公共设施和道路地带，用来捕获太阳能并将其转化为电能。

设计使用风能，可以考虑安装小型风力涡轮机作为补充能源，特别是在风能资源丰富的地区，利用风能发电供给生态环境设施使用。

设计使用地热能，在特定的区域，可以通过地热泵系统等利用地下恒定的温度来辅助设施供暖和制冷，减少传统能源的使用。地热能系统可以与水体和植被等环境元素相结合，同时提高能源利用效率和美观性。

设计使用生物质能，可以通过收集生态环境中的有机废弃物（如落叶、枝条等），用于生物质能源生产，为场所提供清洁能源。

2.1.8.2 案例分析

西班牙巴塞罗那空气树（Eco-Bulevar）

【项目概况】

作为一个城市更新项目，其重点在现有的城市化地区插入一个"空气树"动力装置，创造公共空间的同时，形成了一个依托蒸发冷却的被动式空调系统，使用清洁能源实现场地小气候的调节。

【策略应用】

"空气树"设施是一种自给自足且可以拆卸的轻型结构，可以在城乡生态环境中安装和循环使用。设施通过太阳能提供能源，驱动设施内的空气循环、喷雾装置和蒸发进行场地小气候降温。当温度传感器检测到周围温度过高时，设施就开始工作，在

图 2-10 "空气树"可再生能源气候调节系统

马德里高温天气和相对较低湿度的环境下效能显著（图2-10）。通过创造适宜的小气候环境，设施可以重新鼓励市民成为户外活动的积极参与者，激发城市公共空间的活力。

2.1.9　利用水资源循环收集系统

取水、给水、用水、排水以及污水处理涉及多个环节和子系统，其运行过程的能源消耗造成了大量碳排放（赵荣钦 等，2021）。随着城乡生态环境的需水量进一步提高，过度依赖城市水系统供水将导致碳排放加剧等问题。

充分利用多种来源的水资源，设计雨水收集与生态利用系统和中水回用循环系统，有助于减少常规水资源的浪费，减轻城乡生态环境建设对城市水系统的负担，降低集中处理污水的成本与碳排放，保证水质清洁并提升其调蓄能力，提升城市适应气候变化的弹性能力。

2.1.9.1　主要方法与策略

设计应与自然水系相结合，合理布置水体景观，在保护修复好原有自然水系的同时，积极构建雨水收集与生态利用系统和中水回用系统。设计应遵循系统性原则，统筹场地对雨水资源、中水资源的综合利用，对排水系统进行整体性设计，合理布局各类系统设施，保证其充分、有序地发挥作用（表2-9）。

表2-9 雨水收集与生态利用系统、中水回用系统的主要设施（王雪 等，2013；林辰松 等，2016）

设施名称	所属系统	主要生态功能
下凹式绿地	雨水收集与生态利用系统	集流雨水，有效降低雨水流速，延长蓄水时间，并促进雨水下渗以补充地下水
透水地面	雨水收集与生态利用系统	①促进雨水下渗，有效减缓径流，回补地下水；②有效保护地下动植物及微生物的生存空间，改善城市地表生态平衡
绿 地	雨水收集与生态利用系统	天然的渗透设施，绿地中的植物会降低雨水径流量，其根系能在一定程度上改善雨水品质
排水明沟、生态渠、植草沟等	雨水收集与生态利用系统	用于传输和渗透雨水
蓄水装置	雨水收集与生态利用系统	用于贮存雨水，分为地下蓄水构筑物贮存雨水、加压渗透蓄水等方式
雨水花园	雨水收集与生态利用系统、中水回用系统	收集、净化滞留雨水
人工湿地、植物氧化塘等	雨水收集与生态利用系统、中水回用系统	通过填料基质、湿生植物和微生物的协同作用对雨水和生活污水进行净化
调节池、沉淀池、曝气池等	中水回用系统	用于污水净化

2.1.9.2 案例分析

广东清远飞来峡海绵公园

【项目概况】

该项目场地由于暴雨冲刷、水土流失、处理不到位的生活污水直接排入等原因，污染严重，造成了生态退化。设计从净化效率、建设成本、维护成本三个方面出发，探索构建一个"低成本、低维护、高效能"的生活污水处理系统，为位置偏远和资金不足的区域水治理提供一个示范解决方案。

【策略应用】

设计主要针对生活污水和面源污染问题，构建了一个台地式污水管理系统与雨水管理系统，同时运用一系列生态技术手段对场地进行生态修复，通过种植百余种乡土植物形成相对稳定可持续的植物群落。

设计所构建的台地式污水管理系统主要分为五级，包括预处理设备、潜流湿地、表流湿地、湿塘、生态浮床，形成一个循环净化系统。在雨水管理方面，项目增设了生态碎石渠、植被缓冲带、透水铺装、雨水花园等低影响开发（LID）设施对雨水径流进行组织，与生态化污水管理系统共同收集、滞留、调蓄和净化雨水，实现了对污水和雨水的共同管理和再利用（图2-11）（同邱杰、曹景怡，2023）。

图 2-11　广东清远飞来峡海绵公园雨水净化系统（广州怡境景观设计有限公司供图）

2.1.10　满足长生命周期使用

短周期的生态环境建设会导致不必要的更新活动，涉及对原有场地和材料的大规模重建，从而导致极高的碳排放，无法在设计层面达到减少碳排放的目标。

在面对持续变化的空间和社会环境时，设计可以通过创建环境友好且灵活的可持续城乡生态环境来应对这些变化，从而控制并减少碳排放。在增强生态环境适应性与弹性的同时，避免频繁的改造，并增强其可再利用能力，提升持久性。

2.1.10.1　主要方法与策略

设计长生命周期生态环境方法包括三个方面（表2-10）。

表2-10　设计长生命周期生态环境的方法（董丽、王向荣，2013；王贞、万敏，2010；张琴 等，2023）

策　略	主　要　内　容
减缓资源的损耗	①选择坚固耐用的材料，可以从根源上减少成本损耗，提高资源利用效率，延长项目寿命； ②设计使用功能合理的设施，能够减少不必要的损坏，延长使用寿命
设计多功能空间	①创造灵活、适应性强的户外空间，来满足不同功能需求； ②这种设计理念强调空间的可持续利用，减少了未来改造和重建的需求，从而降低碳排放和资源消耗
提升设计可复制性	在基于场地特征和满足创造性的前提下，可复制性使得设计具有广泛的适用性和效率，同时促进了可持续发展和资源的高效利用，并节约成本，简化项目开发流程，有助于形成一套经过验证的设计解决方案

2.1.10.2 案例分析

英国伦敦奥林匹克公园

【项目概况】

该设计旨在创造一个低维护、可长期为社区服务的绿色空间。这一目标通过一系列创新的低碳设计策略和可持续技术方法来实现,确保了在2012年伦敦奥运会期间及之后的可持续性使用和生态效益持续发挥。

【策略应用】

设计广泛采用了可再生资源和低碳技术。建筑和构筑物大量使用了场地再生材料,如再生混凝土和回收钢材,减少了对新材料的需求。此外,项目设计还考虑了未来的功能弹性,确保这些空间和设施可以满足奥运会使用,未来还能够转化为周边社区的公共空间,促进区域的整体发展。

设计注重广泛使用本地物种增强生物多样性,保障未来生态的可持续发展。这不仅减少了水资源和能源的消耗,还提高了公园的生态价值,为本地野生动物提供了栖息地和食物来源。此外,通过设置多样化的植被结构,从低矮的草本植物到高大的乔木,公园内形成了丰富的生物多样性植物群落,成为城市中的生物多样性热点区域(图2-12)(陈寿岭 等,2015)。

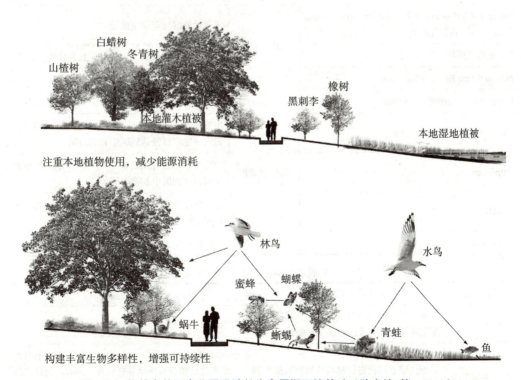

图 2-12 伦敦奥林匹克公园设计长生命周期环境策略(陈寿岭 等,2015)

2.1.11 应用碳计算工具辅助决策

利用从全生命周期的角度评价城乡生态环境减排增汇效益的碳计算工具，可以对设计的碳中和目标进行精准评估，进而指导设计决策。

在城乡生态环境设计中，可以通过碳计算工具，从生产阶段、建造阶段、日常使用和维护管理阶段及废弃拆除更新阶段等，评估项目的碳排碳汇量，优化设计方案，精准完成低碳增汇设计。基于碳计算结果，设计师可以挖掘项目的碳减排潜力，构建具有碳汇能力的植物生态系统，设置绿色能源的服务设施，营造冬暖夏凉的小气候，实现全方位的碳中和设计目标。

2.1.11.1 主要方法与策略

目前可以在城乡生态环境设计中使用的碳计算工具主要涉及碳排计算、碳汇计算和碳中和（含碳排碳汇）计算等（表2-11），主要涵盖碳排和碳汇两个方面，针对全生命周期碳源使用情况开展碳计算（表2-12）（汪文清 等，2023）。

表2-11 城乡生态环境常用碳计算工具汇总（汪文清 等，2023）

名称	计算类别	计算目标
Embodied Carbon in Construction Calculator	碳排	主要计算不同类型建筑材料的碳排放
东南大学东禾建筑碳排放计算分析软件		主要计算建筑的碳排放
Integrated Valuation of Ecosystem Services and Trade-offs（InVEST模型）	碳汇	主要计算区域碳储量的分布
i-Tree 综合模块		主要包括植物资源等多种综合效益分析
National Tree Benefit Calculator		主要计算树木的碳汇
Construction Carbon Calculator	碳排和碳汇	主要计算建筑的碳排放和其中环境的碳汇量
Landscape Carbon Calculator		主要精细地计算项目环境的碳排量和碳汇量，最终确定项目需达到碳中和的时间
Pathfinder		主要计算项目环境的碳排量和碳汇量，最终确定项目达到碳中和的时间
CURB		主要演示成功实现城市减排和减源目标的一些特定的情景
CarboScen		主要估算生态系统中的碳储量

表2-12 城乡生态环境全生命周期内的碳计算工具使用情况（汪文清 等，2023）

项目阶段	计算工具使用	适用工具
规划阶段	计算预测项目的隐含碳成本，比较不同方案的碳排放量以及达到碳中和的时间	CURB、CarboScen、InVEST模型等
设计更新阶段	详细比较不同设施、材料从原材料提取到制造过程的碳排放	Embodied Carbon in Construction Calculator、东南大学东禾建筑碳排放计算分析软件、i-Tree综合模块、Construction Carbon Calculator、Landscape Carbon Calculator、Pathfinder等

(续)

项目阶段	计算工具使用	适用工具
施工建造阶段	计算材料及设施运输、建造过程的碳排放量	Embodied Carbon in Construction Calculator、东南大学东禾建筑碳排放计算分析软件、Landscape carbon calculator、Pathfinder
维护管理阶段	计算运营及维护阶段能源利用的碳排放量	东南大学东禾建筑碳排放计算分析软件、Landscape carbon calculator、Pathfinder等

2.1.11.2 案例分析

希腊雅典埃利尼康大都会公园规划设计（Ellinikon Metropolitan Park in Athens）

【项目概况】

该项目是对雅典旧机场和2004年雅典奥运会场地开展的气候适应性改造，目标是减少硬质区域，扩展绿化空间，构建一个充满活力的城市海岸生态环境。这是一个复杂的综合开发项目，包括建筑、公共空间、栖息地重建等内容，重点利用碳计算工具辅助区域的气候适应性设计，减少区域设施碳排放，增加植物碳汇和减少后期管理运营碳足迹。

【策略应用】

项目从前期规划到概念阶段，使用carbon conscience对整体布局进行分析，从方案设计到扩初设计阶段，使用Pathfinder计算具体的碳排放以及实现碳中和目标的时间，以减少项目建设过程中的碳足迹。

2.2 建造阶段途径

2.2.1 现有材料和工程构造利用

在建造过程中，大量使用外地材料和在外地对材料进行加工，都需要远距离运输材料，显著增加建造过程中的碳排放量。

建造中尽可能合理利用本地材料，减少运输过程所产生的能源消耗，采用循环经济模式，尽可能挖掘场地可以利用的材料和设施，通过改造使其发挥更加完善的使用功能，并尽量避免一次性材料的使用，提倡材料的再利用和循环使用。

2.2.1.1 主要方法和策略

在建造过程中，主要通过减少、回收、再利用场地材料和工程构造三类策略来降低项目碳排放量（表2-13）。

表2-13 利用本地材料减少碳排策略汇总（Climate Positive Design，2023）

步 骤	策 略	主 要 内 容
减 少	减少材料使用	在满足使用功能和安全的前提下，尽量减少材料用量，采用正确合适的构件尺寸，避免多余材料的浪费
	减少运输	选择本地材料或者材料在本地进行加工，尽可能减少长距离交通运输
	减少拆除	尽量对现有设施进行保留改造以满足新的功能，避免不必要的拆除，尽可能长周期使用
	减少复杂结构使用	尽可能采用简单有效的结构和建造工艺，避免过度建造
回 收	回收可利用材料	最大程度地回收和再利用场地现有材料
	购买本地材料	尽可能采购本地的材料和植物等
再利用	剩余材料二次利用	充分利用现场剩余的混凝土、石材、植物等材料，减少新材料的使用
	废弃材料和工程构造再次利用	对场地废弃的材料和工程构造进行新的加工和建造，以满足新的使用功能要求

2.2.1.2 案例分析

上海徐汇跑道公园

【项目概况】

该项目是在旧工业核心区建造的高品质公共空间，开创了创新型城市复兴建设的新范式。场地曾经是机场跑道，通过废弃材料的再利用等可持续措施的实施，实现了场地生态系统服务功能的整体提升（图2-13）。

图2-13 上海徐汇跑道公园原有材料和工程构造的利用（孔涵闻 摄）

【策略应用】

项目尽可能保留原有机场跑道的混凝土铺面，将其改造为结构稳定、设施齐全的公园人行通道，同时将拆除的混凝土块按照碎拼的方式重新铺设在主园路旁，营造了丰富多样的公共空间。

项目主要使用本地采购的环境友好型材料，包括竹子等大量本地产的可再生材料，既减少了运输过程中的碳排放，又支持了本地经济的发展。例如，在设计公园的长凳、木栈道与河畔观景台时，设计团队未使用常见的热带硬木，而是以竹木代替。竹子生长速度快，竹木强度高，且在户外环境下寿命长，是理想的可持续材料。

2.2.2 采用绿色物流运输服务

建造采用传统物流方式会产生较高的碳排放量，未经过优化的物流方式往往会导致运输效率降低，增加不必要的运输需求，进而产生不必要的碳排放。

采用绿色物流服务，通过生态环境建设材料的运输过程开展前期评估、运输方案制定与实时调控和后置资源深度开发，优化运输方案，尽可能减少建造运输阶段的碳排放。

2.2.2.1 主要方法与策略

建造运输阶段可采用的直接减排策略主要包括前置预判、运前工具选择、运中效率提升和后置资源再利用等（表2-14）。

表2-14 绿色物流运输常用直接减排策略汇总（Dhawan et al.，2022；朱俊丽，2017；陈达，2001；孙林岩和王蓓，2005）

名　称	介入阶段	具体措施
前置影响评估	前置预判	建造前对运输需求预评估，包括运输距离、运输方式、货物类型等，分析预测运输阶段的碳排放、环境影响和成本效益等，为后续运输减排方案的制定提供数据支持
合作伙伴选择		优选绿色运输经验丰富、环保记录良好的物流合作方，如持有ISO 14001国际环境管理体系标准认证等
低碳运输工具选择	运前工具选择	根据项目需求和实际情况，积极采用低碳或无碳排放的绿色运输工具
多模式工具组合		整合各类运输方式（公路、铁路、水路、空运等），制定最优的多模式、多环节、跨区域的无缝对接运输组合方案
运输网络优化	运中效率提升	实现运输节点的合理布局，推进运输路线的精细调控，规避交通高峰时段，实现路线优化和错峰分段运输，有效缩短总运输距离与耗时
集中配送管理		统一调度货物运输，实现货物集中装载和集中配送，利用集装箱等设备优化装载，减少空载率，提高运输效率

(续)

名 称	介入阶段	具体措施
逆向物流共享	后置资源再利用	与行业供应链的供应商和承包商建立紧密的合作关系，鼓励项目参与方共享逆向物流资源，充分利用返程运输空间，回收包装材料和废弃物等资源，减少供应链重复运输产生的碳排放

2.2.2.2 案例分析

澳大利亚悉尼布朗格鲁保护区（Barangaroo Reserve）

【项目概况】

该项目是对废弃集装箱港口的适应性改造，致力于结合场地历史文脉与工业遗迹，恢复并强化地域历史地理特色。项目充分利用现场及其邻近建筑挖掘场开采的砂岩块，将原场地废弃的混凝土块等材料碾碎后重新用于地基填补和岬角塑造，打造棋盘式岩石岸线露台，巧妙地将上岬草坪、前滩与海岸线紧密相连。项目改造后不仅极大地提升游客的游览体验，还有效改善区域水质，进一步丰富栖息地的生物多样性，并加固海岸线。

【策略应用】

建造重点对运输网络进行了优化。保护区内的近万棵本地树木提前2年预种植在距离悉尼2h车程的北部红树林。项目对建造砂岩进行了集中配送管理，定制专用建模软件，结合卫星定位（GPS）技术，为每块砂岩赋予独一无二的条形码。施工方可通过手机应用追踪并获取相关信息，实现高效的原型测试和现场安装（图2-14）。

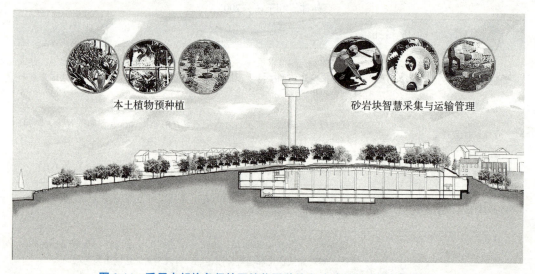

图 2-14 悉尼布朗格鲁保护区植物预种植和建造材料绿色物流服务

2.2.3　使用模块化建造单元

建造过程中存在建筑材料废弃后难以循环使用、建造过程对人工的依赖性高、建成后难以进行改造升级等问题,导致额外碳排放问题。

生态环境中的建筑体量和功能都相对灵活,可以采用模块化建造技术,提升精度和效率。在施工过程中,模块化建造与信息技术等的结合能够更好地管理资源和资产,提高行业生产率,降低资源消耗,实现全生命周期中的有效碳减排。

2.2.3.1　主要方法与策略

模块化建造在减排和环保方面的应用见表2-15所列。

表2-15　模块化建造在减排和环保方面应用

策　略	主　要　内　容
减少建筑垃圾	减少建造和安装过程中的垃圾产生,废弃材料可以用于其他模块生产
使用回收材料	可以对木材等多种可持续材料进行回收利用
降低施工过程排放	在受控工厂环境中进行建造,相比现场加工,流程更加精准,额外能源消耗更低
减少运输排放	相比传统建造,模块化建造需要运输的材料大量减少
使用减少能源需求的保温材料	模块化结构通常包括各种减少整体能源使用的功能
集成太阳能电池板	模块化建造注重集成使用太阳能等清洁能源
具有绿色装置和饰面	模块化建造注重使用绿色装置,以降低能源消耗
耐久性和重复利用率提升	模块化建造可拆卸,利于回收利用,实现长期可持续使用

2.2.3.2　案例分析

深圳大沙河滨水茶室

【项目概况】

该项目位于深圳大沙河生态长廊游园内,为进一步提升服务体验,需要新增配套服务建筑。建筑采用装配式建筑结构,在满足功能和安装便捷性需求的同时,也提供了美的空间形态体验。

【策略应用】

项目利用集装箱建造配套服务设施,使用了被动式通风设施,营造了遮阴空间,提升了能源利用效率,同时降低了建造和安装过程中的能源消耗,实现了低碳目标,让生态环境中的服务建筑在都市与自然中形成了功能和美学的平衡(图2-15)。

图 2-15　深圳大沙河滨水茶室模块化单元建造（黎昱杉 摄）

2.2.4　使用低碳环保材料

不同的建材之间的碳排量往往有明显差异，材料的选择对建造阶段碳排放有着重要影响，需要谨慎选择材料来降低建造过程的碳排放。

建造采用低碳环保材料，能够节约能耗。可再生材料的碳足迹较低，使用生命周期长，材料本身具有固碳能力。通过新型的现代材料代替传统建造材料，也能实现减排降碳的效果。

2.2.4.1　主要方法与策略

采用低碳材料替代传统材料，利用新型可回收低碳材料，调整材料组合比例，都能够很好地减少建造阶段的碳排放（表2-16）。

表2-16　低碳材料汇总（Climate Positive Design，2023）

名称	策略	主要内容
木材和木制品	采用可持续林业生产方式	木材来自长轮作期和有限采伐规模的人工林，实现了森林的可持续管理和保护
	减少木材加工过程的能源消耗，提高木材可持续使用能力	通过节能模式在当地采伐和制造的木制品，在木材风干过程中指定使用无碳可再生能源，增强木材的使用寿命和再次利用能力
碎料花岗岩骨料等	—	尽可能更换混凝土和沥青路面，采用本地小颗粒骨料
轻质填充结构	—	使用可回收材料作为基础填充骨料，或使用轻质填充物等
绿色混凝土和混凝土使用减量	生产低碳混凝土	利用当地可用的材料生产低碳混凝土
	减少浪费	优化材料的使用数量，尽可能减少材料损耗

（续）

名称	策略	主要内容
绿色混凝土和混凝土使用减量	提高材料效率，减少使用混凝土	用孔洞、围板代替混凝土，尽可能使用低碳围板和填充物
	钢筋的使用	在保障安全的前提下，通过结构优化减少钢筋的使用
绿色钢材节能减排	使用回收的钢材或含有高比例回收材料的钢材	在保障安全的前提下，使用回收钢材或钢材加工物
	减少钢材的用量	改善结构模式，减少钢材的用量，使用适宜尺寸和强度的钢构件，减少不必要的钢材使用
	设计易重复使用的固件	使用带有金属紧固件的钢框架，强调重复使用
回收材料	—	最大限度地回收和再利用材料
低碳墙体和结构	—	使用低碳墙体结构和工艺，如格宾笼、夯土、泥墙、稻草捆、篱笆等，强化材料的本地化和特色工艺的使用
自然排水洼地和生物处理区	—	尊重场地的现状排水模式，通过自然排水和渗透策略，尽量减少管道和混凝土使用

2.2.4.2 案例分析

美国大提顿国家公园珍妮湖观光区更新（Grand Teton National Park Jenny Lake）

【项目概况】

该项目场地由于可达性不足和过度使用，对现状栖息地环境造成了破坏，最终造成不理想的用户体验，需要开展更新。在尽可能保留场地特征的前提下，更新建造细节，施工均注重绿色环保，采用本地低碳材料和工艺解决方案，还用精湛的施工工艺实现了精彩的建成效果。

【策略应用】

项目建造利用了兼顾现代和传统的工艺方法，采用容易获得且低维护成本的本地材料，在延续本地特色的同时，实现了环境适宜性、低维护和耐久性。广场、观景台、台阶和挡土墙采用本地自然花岗岩建造，运用干砌石墙施工工艺。该工艺具有适应本地冻融气候的恢复能力，拥有良好的渗透性和低维护需求，寿命极长（图2-16）。人工堆砌的岩石台阶和墙壁，广场给人精致优雅的观感，远景营造则更加强调粗犷质朴的质感。严格控制施工的范围，尽可能减少对场地的破坏，所有受到影响的植被区域都用施工前收集的本地植物或在大提顿公园中采集的种子进行重新种植。

图 2-16 美国大提顿国家公园珍妮湖观光区低碳环保材料和本地工艺应用

2.2.5 运用节能环保材料技术

建造采用节能环保材料能够降低设施建成后的运行能耗和对环境的消极影响,避免在后期持续使用过程中造成能源的大量消耗和碳排放的持续增加。

材料选择考虑材料的节能环保性能,综合评估材料的持续维护和更新成本,在建造中平衡使用低碳绿色材料,提高生态环境设施的环境友好性、生态功能和质量耐久性,并有效降低后期运行能耗和持续碳排放。

2.2.5.1 主要方法与策略

节能环保材料主要通过优化能源利用、降低维护需求和提升后续碳汇来实现节能减排(表2-17)。

表2-17 节能环保材料的减排增汇策略汇总(Calkins, 2008; Calkins, 2012; 玛莎·施瓦茨和伊迪丝·卡茨, 2020; 沈清基 等, 2020)

材料特征	节能类型	主 要 内 容
高透水性	优化能源利用	透水性强的铺装材料可以增加地表水下渗,降低热岛效应
高反射率		高反射率材料可以减少热量吸收,降低降温成本
遮光导光		夏季遮光可以降低自然增温,导光可以充分利用自然光,避免额外照明能源消耗
节能照明		高光效、低能耗、长寿命照明设备可以降低能耗和维护成本
高隔热性能		低热导率、高强度的保温隔热材料可以减少供暖制冷能耗

(续)

材料特征	节能类型	主 要 内 容
高稳定性	降低维护需求	寿命长、耐候性强、维护成本低的材料可以减少材料老化所造成的更换或维修碳排放
自清洁性	降低维护需求	在雨水冲刷等自然作用下可进行自清洁的材料能够减少建成后维护清洁能耗
碳固定性	提升后续碳汇	具备碳吸附能力的材料可以发挥碳固定功能
可降解性	提升后续碳汇	可被生物降解、在使用结束后可自然分解的材料可以避免额外清理所产生的碳排放
可再循环制备和再使用性		可以循环利用,大幅降低新材料生产所需能源与碳排放

2.2.5.2 案例分析

墨西哥大运河线性公园(Grand Canal Linear Park)

【项目概况】

该项目是对运河沿线历史悠久的铁路货运线的再利用,将历史运河区域改造为公共绿廊。项目整合了曾被运河、围墙和铁路等分隔开的土地,为周边社区和居民提供公共休闲服务,并显著改善了周边环境。

【策略应用】

在增加公共使用空间的同时,使用的材料强调高透水性和遮光性。项目重建了原有的运河植被和河岸林带,将场地改造成100%可渗透的城市公共空间,涉及绿化面积的增加、适宜性植物的种植、土壤置换与渗透性提升等措施,将该区域的空气相对湿度提高超过16%,并使气温降低4~5℃(128 Architecture and Urban Design, 2020),有效缓解了城市热岛效应。项目注重采用节能照明等绿色设施,广场配备由光敏传感器控制的照明设备,降低了能耗并最大化利用自然光。

2.2.6 优先选择本地工人

建造工人从其他地区或城市到项目建设地点的长距离通勤,将带来一定的交通开支和碳排放问题,需要尽可能降低通勤距离和能源消耗。

项目建造可以通过优先聘用本地工人和采用绿色交通方式降低碳排放,重点支持本地劳动市场,促进城乡协同发展。同时,本地工人对地域环境和文化也有更深的理解,有助于项目建造采用本地可持续工艺,更好地融入当地环境,并推动可持续发展。

2.2.6.1 主要方法与策略

选择本地建造工人的策略主要有招聘与培训、合作与发展、政策与激励、宣传与教育等方面（表2-18）。

表2-18 选择本地建造工人策略汇总（Macfarlane，2000；Joseph Rowntree Foundation，2000；Du et al.，2023）

名　称	激励阶段	主　要　内　容
本地招聘	招聘与培训	与本地劳动市场合作，优先招聘本地居民作为建造工人，途径包括职业培训中心、社区招聘和公共招聘平台等
本地技能培训与提升		针对特定建造技能，为本地缺乏相应技能的工人，提供或资助技能培训，提升本地建造水准
建立长期合作关系	合作与发展	与本地技术协会、技术学校、职业培训中心和社区组织等建立长期合作关系，确保可持续、有技能的本地劳动力培训
强化社区参与		通过社区会议和公开日等形式，让社区居民了解项目和可能的就业机会，增加项目的社区吸引力，鼓励社区居民以志愿者等多种方式参与
出台优惠政策	政策与激励	为雇佣本地工人的企业或项目提供相应支持政策，鼓励更多项目优先雇佣本地建造工人
强化对外宣传	宣传与教育	利用社交媒体和传统纸媒等形式宣传本地用人策略，提升对本地工人的吸引力
环境意识教育		对于参与项目的本地工人，提供环境保护和碳减排方面的培训，提升环保意识

2.2.6.2 案例分析

内蒙古敖包山顶公园

【项目概况】

该项目位于内蒙古敖汉旗的文冠果种植区山顶。在过去的几十年间，因为过度放牧、伐木、扩建农场、人口激增，大风和干旱将这个曾经肥沃的草原变成了沙地，急需对该区域进行生态和产业恢复。项目主要是在山顶建设一个观景台，记录几代人为治理荒漠所付出的努力，并产生生态、休闲、科普等综合效益。

【策略应用】

项目注重选用本地村民开展建造，在建造过程中采用了大量本地材料和本地传统工艺，是一个本土化项目的典范（图2-17）。

图 2-17 敖包山顶公园本地村民合作建造（引自中国中建设计集团）

2.3 维护阶段途径

2.3.1 建立全流程管理规范

当前城乡生态环境管理措施和维护工作存在重复和不当操作现象，如过度修剪、不合理灌溉、重复或过量施肥，从而引发不必要的碳排放。需要加强对管理，制定科学、合理的全流程管理规范，减少管理成本并减轻额外环境压力。

面对城乡生态环境管理越来越复杂的工作类别和内容，需要编制科学的管理规划，并采用新一代的信息技术，构建智慧化管理体系，提高精细化和科学化管理水平，降低管理维护过程中所产生的碳排放。

2.3.1.1 主要方法与策略

管理规范作为一个指导管理维护活动的工作实施计划，首先需要准确地记录场地的管理状况，评估当前的管理水平和管理系统的运行情况，以此为依据有针对性地制定具体的维护计划。目前，生态环境管理规划的编制内容在不断发展和细化，不仅包括传统公园管理维护的等级要求，还扩展到生物多样性保护、保护区保护等计划，甚至随着双碳计划的深入实施制定碳中和管理计划等。管理规划内容的编制注重可实施性和科学性，包括各类现状条件的分析、发展愿景、需要遵循的规划标准、使用的专业技术、具体实施计划和评估标准等（Kuss, 2015）。

智慧化管理系统是在绿化数字化管理的基础上，深入运用物联网、云计算、移动互联网、地理信息集成等新一代信息技术，以网络化、感知化、物联化、智能化为目标，构建立体感知、管理协同、决策智能、服务一体的综合管理体系（图2-18）（师卫华 等，2019）。运用信息技术建立的综合监管平台，能够有效减少冗余的管理措施和重复的维护工作导致的碳排放，可以在管理维护的全流程上帮助城乡生态环境实现碳排放的监测和碳中和的目标。

图 2-18　智慧综合管理体系技术框架（师卫华 等，2019）

2.3.1.2　案例分析

（1）英国伦敦罗德奇普休闲区管理规划（Lordship Recreation Management Plan）

【项目概况】

该项目位于伦敦北部，公园之友团体与哈林盖委员会共同完成了该公园管理规划的编制。管理规划明确了2015—2025年公园管理的主要工作内容，并帮助公园争取了管理维护资金。

【策略应用】

管理规划明确了项目的功能和管理维护方式，详细说明了项目的服务人群和不同活动开展的范围，列出了需要进一步改进管理维护的工作清单和相关数据内容，确定了相关公园社区团体和理事会之间的合作管理模式，并通过用户论坛平台让公众参与规划的编制过程。管理规划主要针对清洁维护、健康与安全、环境可持续、社区参与、遗产保护、市场营销、管理计划、设施优化8项内容做出详细规定与要求（Friends of Lordship Recreation Ground，2015）。

（2）美国纽约中央公园制图（Cartegraph）资产管理系统

【项目概况】

该系统是一款专门用于城乡生态环境管理的软件，主要帮助管理者实现高效的管理维护工作，用于纽约中央公园等世界顶尖项目的管理，成为管理系统的代表（图2-19）。

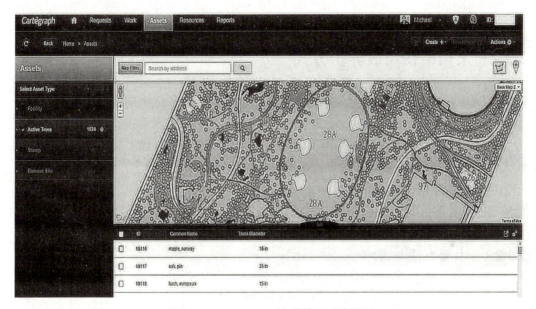

图2-19 Cartegraph资产管理系统界面

【策略应用】

系统主要提供了应用程序接口（API），允许企业将系统与ArcGIS、CycloMedia、AutoCAD、Caselle、CitySourced和DigAlert等第三方应用程序进行集成，涵盖公园绿地的资产管理、工作管理、维护计划制定等多项内容，用户可以使用拖放界面创建和分配工作订单、跟踪进度、记录工作时间和重新安排任务（表2-19）（Opengov，2024）。

表2-19 Cartegraph资产管理系统功能与内容

功能	主要内容
资产管理	管理和跟踪项目的设施、设备、植被等各种资产信息，涵盖位置、属性、维护记录等信息

（续）

功　能	主　要　内　容
工作管理	创建、分配和跟踪工作订单，包括维护、修理、清洁等任务，提高工作效率和响应速度
维护计划制定	可以制定和管理维护计划，包括定期维护、预防性维护和紧急维护，确保公园设施的良好状态
移动应用程序使用	提供移动应用程序，使现场工作人员可以随时随地查看和更新资产信息，提交工作报告和照片，提高工作效率和准确性
数据分析与报告生成	生成各种报告和分析，如资产状况报告、工作完成情况报告等，帮助管理者了解公园管理情况并作出决策
地理信息系统（GIS）集成应用	与GIS集成，以空间地图方式展示公园资产信息，并支持开展空间分析和规划编制
用户个性化设置	界面友好，易于使用，可根据不同用户的使用需求进行定制和配置调整

2.3.2　采用植物粗放养护方式

过度开发和密集管理可能会导致生态系统退化，生物多样性丧失，进而影响生态系统的碳固定和碳汇能力（Lynn，2020）。密集型管理往往需要更多的人力、物力和财力投入。化肥、农药的过量施用不仅增加了碳排放，还可能导致水质和土壤污染，影响人类健康和生态系统的稳定性。

尽可能选择粗放的植物管理方式，这种方式不仅能够降低养护过程中的碳排，还能够提升植物群落的生物多样性，促进其稳定发展，提高植物碳汇能力。

2.3.2.1　主要方法与策略

在植物管理的过程中尽可能采用粗放的管理方法（表2-20）。

表2-20　植物粗放管理的主要方法（Lynn，2020；Muscas et al.，2024）

策　略	主　要　内　容
最大限度的自我管理	①如果减少对植物群落的频繁干预，这个群落就有机会自行发展和组织，形成一个更加稳定和自给自足的系统； ②在一个理想的植物群落中，植物应该能够在一定程度上进行自我管理，减少人为干预的需要
利用生态链的生物干预	①包括引入或保护本地的草食性动物和捕食性昆虫，以自然方式控制植物的生长和病虫害； ②生物防治方法不仅环保，还能减少化学农药的使用，对人类健康和生态系统都有积极影响
适度的人为物理干预	①包括必要的修剪和灌溉，以确保植物健康生长，同时保持景观的美观和功能性； ②修剪是一个植物在其生长寿命期间增加储存碳量的机会，普通修剪可以最大限度地提高碳汇量，并最大限度地减少修剪导致的性能下降； ③适当的灌溉则有助于植物在干旱期保持活力，特别是在干旱敏感地区； ④合理的物理干预还能有效地管理植物生长的方向和速度

(续)

策　略	主　要　内　容
少量的化学干预	①在植物生长过程中，尽量减少化学肥料和农药的施用，仅在必要时进行精准施用，这种策略有助于减少其对环境的污染和对人类健康的风险； ②采用有机肥料或生物农药替代化学品，可以进一步降低对环境的负面影响； ③定期监测土壤和植物的健康状况，根据实际需要进行合理施肥和病虫害防治，能够有效提高资源利用效率，减少浪费

2.3.2.2 案例分析

（1）美国纽约清泉公园（Freshkills Park）

【项目概况】

该项目位于纽约市斯塔滕岛，曾经是世界上最大的垃圾填埋场之一。自2001年关闭后，纽约市规划部门启动了清泉公园项目，旨在将这个废弃的填埋场改造成一个大型城市公园，恢复自然生态系统，并提供休闲娱乐空间。

【策略应用】

由于该项目面积巨大，为了降低管理成本，实现生态环境的自我管理，采用了粗放的植物管理策略（表2-21）。

表2-21　纽约清泉公园植物管理策略

策　略	主　要　内　容
自然环境再生	①专注于植物自我更新，通过本地生态系统的重建，尽快实现生态系统的重新发展，驱除入侵物种； ②研究人员从美国森林服务局和纽约市公园部门收集了适应于恶劣环境的早期演替物种（如杨树和柳树）的基因型，并在公园的森林恢复站点测试这些基因型，选择表现最佳的基因型植物进行种植，从而更快实现树冠闭合并减少维护成本
利用动物进行草地管理	利用山羊来控制入侵物种的增长，山羊能有效吃掉并削弱场地入侵杂草，这种方法用于公园北部湿地恢复项目中的一些入侵植物移除工作；同时山羊可以将植物的地下部分吃掉，使得入侵植物难以再生

（2）美国芝加哥千禧公园卢瑞花园（Lurie Garden）

【项目概况】

该项目是进行自然化植物管理的典型案例，种植了本土多年生植物，创造了一个随着时间推移而自然演变的自维持植物环境。花园的设计模仿伊利诺伊州大草原，只需最少的维护，就能让植物能够在整个四季生长、繁殖和变化，展示城市环境中本土生态系统的美丽和恢复力（图2-20）。

图 2-20 卢瑞花园植物管理策略

【策略应用】

卢瑞花园采用了粗放的植物管理策略,从而实现花园的自我适应和持续变化(表2-22)。

表2-22 卢瑞花园植物管理策略

策略	主要内容
选择本土植物	选择适合本地气候和土壤条件的植物,确保它们在最少的干预下茁壮成长
自然主义种植	采用本土多年生植物的多样化组合,模仿当地草原景观,这种方法创建了一个可持续的生态系统,为当地野生动物(包括传粉媒介)提供栖息地,并适应季节变化,提供动态变化的花园体验
适应性共同管理	利用从花园及其植物收集的数据来做管理决策,如密切监测花园内的害虫数量,只有在数量达到预定水平时才实施害虫管理
传粉媒介支持	引入为本地传粉媒介昆虫提供花蜜和栖息地的植物,为更大范围周边城市区域生态系统的健康改善提供支撑

2.3.3 采用低碳足迹管理流程

碳排放管理包括城乡生态环境维护所需的能源消耗、废弃物处理所产生的碳排放和设施使用过程中的碳排放等,也包括在管理中常见的机动车辆和园艺机械等使用所产生的碳排放。

城乡生态环境管理可以通过融入绿化元素、实施低碳战略和利用可再生能源技术来减少碳排放,也可以利用相关监测技术增强低碳管理能力,实现绿色环保的管理目标。

2.3.3.1 主要方法与策略

管理需要通过信息数据的综合分析对碳足迹进行综合评估,据此提出有针对性的减排策略,对于难以缩减的部分尽可能选择适合的抵消途径,并发布相关信息。运营管理主要遵循"测量评估——直接减排——抵消排放——信息发布"碳足迹减少流程开展优化(表2-23)。

表2-23　减少碳足迹管理的主要流程方法(Climate Positive Design,2023)

类　型	策　略	主　要　内　容
测量评估	通过编制碳排放清单计算管理维护碳排放量	①现场直接排放计算:主要包括建筑排放、维护使用的化石燃料、管理机械燃料排放等; ②异地间接排放计算:主要包括维护过程中使用的水、电等能源生产所产生的排放等; ③运营组织过程的排放计算:主要包括管理维护使用的物品在生产和运输中所产生的排放,管理人员通勤等所产生的排放等
直接减排	直接降低维护过程的碳排放	①根据计算结果,明确排放的清单和比重,结合实际情况优化管理流程,制订减排方案; ②方案需具有可行性,明确所采取的具体行动,提供可量化的目标,制定实施的时间计划
抵消排放	无法直接降低的维护碳排放,可以采取碳抵消的方法	核算必要的管理维护排放,实施具有生态、经济、社会效益的项目,包括增加生物多样性、构建栖地和产生可再生能源等,用于抵消产生的排放,实现维护的可持续发展
信息发布	认证和公布碳排放数据	在管理过程中,积极认证和宣传碳中和,尽可能向社会公布相关情况

2.3.3.2 案例分析

新加坡滨海湾公园(Gardens By the Bay)管理碳足迹优化

【项目概况】

该项目采用先进的可持续技术,集成动态监测系统来优化其运营管理,从而有效降低碳足迹,并在官方网站中对相关监测数据进行展示(图2-21)。

【策略应用】

该项目采用了系统的可持续管理技术(表2-24),不仅实现了环境美化和生物多样性提升,还通过优化管理流程大幅度减少了运营过程中的碳足迹,展示了通过集成技术和可持续管理实践,实现城市绿地在减少碳排和增加碳汇方面的双重目标。

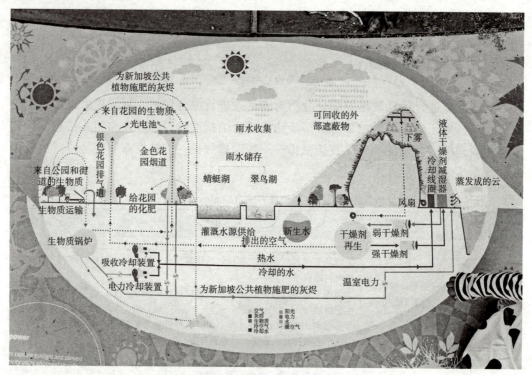

图 2-21 新加坡滨海湾公园低碳运营管理流程

表2-24 新加坡滨海湾公园减少碳足迹的管理优化方法

策 略	主 要 内 容
环境数据的动态监测	利用先进的传感器网络实时监测日照、风速、湿度等关键环境参数，这些数据帮助管理者调整室内外环境条件，确保植物生长在最优环境，实现能源的最优消耗。例如，在巨大的温室环境中，设备会结合自然环境条件通过调整遮阴帘和开窗来调节内部温度，有效减少冷却系统的能源消耗
资源有效利用	花园内的水资源管理系统收集雨水用于灌溉，并同时处理和循环使用温室中的废水，既减少了对城市水资源的需求，也减少了能源的消耗
可持续交通和设备管理	通过动态监测养护人员和车辆的位置信息，滨海湾花园优化了管理人员和资源的调度，减少了不必要的运输和移动，有效降低了碳排放
能源管理	花园采用了可再生能源，如太阳能板等，同时使用废木材的生物质能发电，进一步减少了对化石燃料的依赖和碳排放

2.3.4 应用智慧管理养护技术

管理养护涉及的要素和环节比较复杂，传统的人工养护技术效率低、成本高且人力资源有限，容易造成管理养护不当、资源浪费等问题，进而产生额外的碳排放。

建立生态环境智慧管理养护综合监管平台，运用智慧管理养护技术，对生态环境进行智慧化的监测、养护决策和具体实施，从而优化管理养护流程，提高管理养护效率，降低能耗和碳排放。

2.3.4.1 主要方法与策略

智慧管理养护技术可以为城乡生态环境管理养护提供多种类型的综合服务（表2-25）。

表2-25 智慧管理养护技术汇总（师卫华 等，2019；祝遵凌，2022；张盼盼，2022；毛小红 等，2023）

类 型	技术类别	主 要 内 容
基础信息管理	基础空间数据采集	基于空间信息管理平台，采集城乡生态环境的多源数据，建立基础管理数据库
	综合感知数据采集	①主动采集公众自发产生的多源图片和视频数据，辅助管理优化升级； ②利用物联网相关技术，动态获取生态环境相关数据指标，用于管理养护精准实施
养护实施管理	智能化灌溉管理	安装智能灌溉设备，链接综合数据感知系统，建立精准灌溉控制系统
	智能化病虫害管理	应用智能虫情测报灯，利用现代光、电、数控技术，自动完成诱虫、杀虫、收集、分装等系统作业，同时监测自然环境病虫害情况
	智能化实施管理	设置数字化管理养护流程，应用智能终端上传管理养护情况，监测实施和完成质量
养护巡查管理	移动巡查	采用生态环境网格化管理体系，对管理养护监督人员在巡查过程中实时上报的情况信息进行收集、评估和反馈
	养护监督管理	利用电子地图、视频监控和数字定位技术，对管理养护人员、设备和作业情况等进行实时调度和监控

2.3.4.2 案例分析

瑞典哥德堡可持续智慧科技园（Johanneberg Science Park）

【项目概况】

该项目是可持续智慧科技园建设的典范，重点探索一种可以促进生态环境可持续发展的方法，尽量减少管理和养护中的负面环境影响，为未来智慧管理养护发展创造一个开放创新的平台。

【策略应用】

项目已通过多个子项目的探索和测试，提出了一系列数字化和自动化的养护管理方法（表2-26），能够更好地分配资源、使用更智能的系统来管理生态环境，提高了日常运营管理的效率，并降低了能源消耗和资源浪费。

表2-26 可持续智慧科技园项目的智慧养护方法

策　略	主　要　内　容
地面传感器	测量地表的各项参数，以及灌溉、施肥和割草等养护措施的管理需求，实现基于需求的适应性干预措施，有助于提高养护效率并降低对环境的影响
互联设备及车队管理	基于远程信息处理的设备，收集养护机器设备的使用数据（使用时间、有效运行时间、定位等），优化养护设备类型和数量的分配，提高资源利用率
安装传感器的垃圾桶	为垃圾桶配备传感器，监测其容量使用程度，根据传感器生成的数据，高效识别并及时清理已装满的垃圾桶
物联网平台	①开发通用的物联网平台，以管理来自机器、传感器、观察设备等的技术数据，用于控制和规划操作、培训等操作系统； ②通过整合来自不同系统的信息，有效管理多源数据，提升管理效率

2.3.5　应用生物水自净系统

干净、稳定、安全的水质是保证自然水环境生态功能效益的重要基础。水体净化是在城乡生态环境维护中需要重点考虑的问题，为了保障环境水质需要消耗较多资源，并产生一定的碳排放问题。

维护中可以进一步强化自然的水净化能力，通过采用生物自净系统，选用适应性好、净水能力强、与周围生态协调且兼顾景观功能的水生植物自主维护水质，并辅助人工生态净化措施，提升自然水净化效率，降低人工维护强度，减少维护过程中的碳排放。

2.3.5.1　主要方法与策略

生物水自净系统主要依赖具有净水能力的水生植物，构建涵盖挺水、浮水、沉水和漂浮植物的健康水净化植物系统，发挥水净化功能。在净水植物的选择上，应充分考虑实际的净水需要，结合地域气候条件和水环境条件种植适宜的水净化生物群落。

生物水自净系统具有多样的形式，需根据项目现状综合条件进行选择，配合人工辅助生态工程措施，形成混合式的生物人工净水系统，提高净水效率和功能稳定性。目前广泛应用的生物水自净系统形式有生态浮床、生态塘、人工湿地等（表2-27）。这些不同的形式具有不同的功能，能源消耗也存在一定差异，需要根据技术要求进行混合使用。

表2-27　生物水自净系统主要形式汇总（高曼堤，2017；汪洁琼 等，2023；张清，2011）

策　略	主　要　内　容
生态浮床	①生态浮床又叫人工生物浮床、人工浮岛等，是指将水生植物种植在人工载体之上，有效减少水体中氮、磷等营养元素和其他污染物质，发挥净化水质、恢复水环境的功能； ②人工载体多为高分子材料，是一种悬浮于受污染水体的水生植物种植装置； ③生态浮床主要通过所培育植物的根系，对水污染物进行吸附、吸收和通过根系微环境进行物质转化

(续)

策略		主要内容
生态塘		①生态塘是一种简单而完整的水生态系统，塘内种植水生植物，养殖鱼类、昆虫等动物，以太阳能为初始能源，通过物理、生物作用达到水净化效果； ②在生态塘发挥水净化功能时，还可以同时对种植的水生植物和养殖的水产、水禽等进行资源回收，塘内排出的净化水可作为再生水源用于灌溉等，使污水处理和再利用相结合
人工湿地	表面流人工湿地	①表面流人工湿地简称为表流湿地，相比于潜流湿地水净化效率较低，但由于其形态与自然湿地比较相似，污水从进水口进入湿地后缓慢在表面流动； ②表面流人工湿地造价与运行成本较低，能够有效调蓄雨水径流，增加生物多样性，且空间可塑性强，被广泛应用
	潜流人工湿地	①潜流人工湿地又称渗滤湿地系统，污水在湿地内部流动，通常无法直接在表面看见水体； ②潜流人工湿地主要利用填料本身、植物根系和附着在填料表面微生物的作用净化水体
	垂直潜流人工湿地	①潜流湿地的一种类型，一般在湿地表面设置进水系统，在填料底部安装出水收集管，水流在填料层中垂直向下流动； ②垂直潜流人工湿地提高了氧气向湿地基质层中的转移效率
	水平潜流人工湿地	①潜流湿地的一种类型，一般在湿地一端设置进水系统，在另一端设置出水系统，水流在填充层中水平流动； ②在湿地表层种植挺水植物，随着植物生长，根系深入填料层中，与填料交织形成根系层，起到截流过滤的作用，并向填料层输送氧气

2.3.5.2 案例分析

美国华盛顿西德维尔友谊学校（Sidwell Friends School）庭院

【项目概况】

该项目是人工湿地在城市建成环境中应用的典型案例，已经成为学校的标志性景观。项目在建筑围合的庭院中布置了一处人工湿地，用于对校园建筑产生的污水进行回收处理和再利用，并收集校园建筑和周边环境的雨水。

【策略应用】

项目构建了一个以人工湿地为核心的污水和雨水净化系统，系统主要由位于地下的厌氧菌预处理设施、位于庭院的3级台地植物净水湿地、循环滴滤池、雨水渗透花园、雨水池塘和位于建筑内的储水箱6个部分共同组成，各部分协同处理净化建筑污水与雨水，并最终实现收集回用（图2-22）。项目根据不同形式生物水自净系统的特点与净水目标，选配了功能不同的植物群落。台地湿地区域（垂直潜流湿地）的功能为生活污水净化，植物种类重点选择高净化能力的挺水植物和耐淹草本植物，利用植物根系、根系微生物群对污染物进行分解、吸收和聚集。湿地池塘区域（自由表面流湿地）主要发挥雨水水质调节的功能，植物种类主要为浮水植物，以调节控制雨水的氮、磷

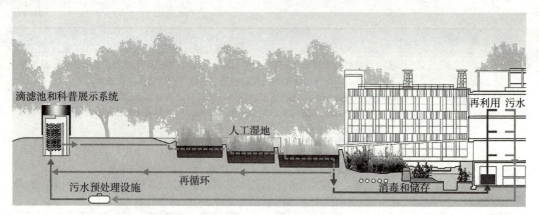

图 2-22　西德维尔友谊学校庭院生物水净化系统（李惊 等，2015）

含量，避免富营养化为主要功能目标。人工湿地外围环境主要应用多种乡土植物，营造低养护需求的植物群落（李惊 等，2015）。

2.3.6　应用节水灌溉系统

在维护阶段，灌溉、施肥、施用农药、修剪等过程都会持续产生碳排放，其中灌溉的碳排尤其显著（郭婷婷，2023）。灌溉碳排放主要来源为灌溉水车等能源消耗，还有灌溉用水本身的碳排放（黄柳菁 等，2017）。

在维护中，可以采用节水灌溉系统，应用节水和中水、雨水回用技术，优化养护方法等方式，降低灌溉过程中的水资源浪费和能源消耗，减少灌溉产生的碳排放。

2.3.6.1　主要方法与策略

为了减少灌溉过程中的碳排放，城乡生态环境维护应该从节水技术、灌溉管理两方面综合考量灌溉过程中的节水、节能（表2-28）。同时，对灌溉成本和效益进行计算，以选择最经济和高效率的灌溉方式（表2-29）。

表2-28　主要节水灌溉策略汇总（叶宏，2015；周文辉，2023；胡欣，2023；王瑞辉，2006）

策　略	主　要　内　容
节水技术	①合理利用再生水（中水）作为灌溉水源，实现水资源的循环利用，可以结合生物水自净设施，收集处理利用城乡生态环境内部与周边城市区域产生的雨水、中水； ②选用节水抗旱的乡土植物，降低后期养护的植物需水量； ③合理利用园艺技术节水，如利用树皮、落叶等保水能力较强的覆盖物对土壤进行覆盖，向土壤中添加蛭石、木屑等材料，增强土壤保湿能力； ④使用节水灌溉工程技术，结合智慧化物联网技术，根据实际场地情况选择不同的灌溉类型，提高水资源综合利用率
灌溉管理	①根据植物生态习性，制定科学有效的灌溉用水规程，按照植被生理特征进行合理的分级水分管理，开展灌溉成本和效益计算； ②构建养护监督与责任体系，加强相关技术人员培训

表2-29　主要灌溉类型汇总（胡欣，2023）

类 型	应用场景	特 点
喷 灌	大部分类型、草坪、运动场	灌溉均匀，易产生地表径流
滴 灌	乔木、灌木、花卉、墙体绿化、坡地绿化	节水，效率高
微喷灌	花卉、绿篱	成本较低，不易产生地表径流
渗 灌	乔木、花卉	避免灌溉水的深层渗透，水分流失
喷水带	乔木、灌木、花卉、绿篱	操作方便，设备成本低

2.3.6.2 案例分析

美国加州诗意庭园（Poetic Interpretation）

【项目概况】

该项目位于美国加利福尼亚州，被打造为一个充满场地文化且可持续发展的花园生态栖息地。场地年均降水量仅约480mm，且因为位于海岸线边缘，土壤盐碱化和沙化严重。为了应对场地严酷、缺水的自然环境，项目构建了一个完善的节水系统，以支撑整个生态环境系统的可持续低碳维护。

【策略应用】

项目的节水系统由集水系统、节水灌溉系统两大部分组成。集水系统的核心为地下蓄水池，约75%的收集水来自屋顶雨水径流，这些水被用于喷泉、池塘与养护灌溉。为了最大限度地收集和过滤雨水，项目使用了生态池塘、人工湿地、屋顶绿化等方式，以降低水污染。为了应对场地干燥的环境，项目设计了一套由天气控制的智能滴灌系统，利用传感器实时监测天气条件、土壤湿度和植物需求，精准控制灌溉的时机和水量。灌溉用水通过预埋在种植土中的滴灌管道直接输送到植物根部，避免浪费。

项目的植物选择充分考虑到节水的需要，使用耐旱的乡土植物以减少灌溉用水量，主要运用柏树等需水量很低且可以在恶劣环境生长的植物。植物配置也经过精心设计，以保证同一群落植物对水有相似的需求，以提升灌溉效率。在养护管理方面，通过对植物进行合理的修剪以降低需水量。植物根茎也几乎完全覆盖整个区域，从而阻止场地的水土流失。

2.3.7　使用生物动力维护

在城乡生态环境维护中，通常会大量依赖燃油驱动的机械设备，如割草机、吹叶机等。这些设备的使用会产生大量碳排放，同时对生态环境造成较大的干扰，如破坏土壤结构、影响地下生物活动等。

通过模仿自然生态系统的运作方式，利用植物、动物和其他非生物资源等来维持和改善生态环境的健康状态，进而减少对机械设备的依赖，创建一个能够自我维持和生态平衡的环境，减少能耗和碳排放的同时增强城乡生态环境的综合生态系统服务功能。

2.3.7.1 主要方法与策略

在基础景观资源维护和特殊生态系统维护中可以通过生物动力实现生态环境的自我维持和可持续发展（表2-30）。

表2-30 生物维护常用策略汇总（Lynn，2020；Rogerson et al.，2021；Allison & Mupphy，2017；Perrow & Davy，2002；WLA，2021；胡振琪 等，2023）

策略	类型	主要内容
土壤维护	基础景观资源维护	利用生物、有机肥料或物理措施如有机覆盖作物（如木屑和树叶）、绿肥植物和生物菌剂等，改善土壤质量，增加土壤的有机质含量，提高土壤的水分保持能力和生物多样性，从而提升植物的生长和抗病能力，减少维护阶段抗病虫害等喷洒机械的使用和碳排放
植物维护	基础景观资源维护	选用生命力强、节水能力强的乡土植物，采用多样化的植物配置方式如群落式、混合式、复层式等，通过自然植物群落管理，增强鸟类、益虫等害虫天敌的吸引力，减少去除杂草和防治病虫害维护机械的使用
动物维护	基础景观资源维护	引入有益动物，构建完整的食物链和生态网。这些动物可以通过捕食害虫、传播种子等方式，促进生态环境的自然平衡和生物多样性提高，降低维护需求
河流生态系统管理	特殊生态系统维护	通过种植河岸滨水植被群落，以自然方式拦截或过滤污染物，减少对河道清淤机械和净水设施的使用
湿地生态系统管理	特殊生态系统维护	利用自然的水生植物和微生物来净化水体，建立内部可循环的自净系统，避免使用抽水机和人工过滤系统
滨海生态系统管理	特殊生态系统维护	利用红树林和牡蛎礁等构建滨海地区自然屏障，减少风暴和海浪对海岸线的侵蚀，降低对海堤和其他机械防护结构的依赖和维护
草地生态系统管理	特殊生态系统维护	选择抗病、低维护的乡土草种，运用自然草坪管理技术，如定期轮牧、有机覆盖作物、使用低矮生长品种的草种和引入食草动物等，减少割草的频率和强度
山地生态系统管理	特殊生态系统维护	采用植被固坡和梯田建设等生物工程措施，实现生物方面的水土流失防治，降低对土地整治维护机械的使用需求
荒漠生态系统管理	特殊生态系统维护	通过植树造林和植被恢复项目，增加土壤固定和水分保持能力，减少对大规模灌溉和播种机械的依赖
矿区生态系统管理	特殊生态系统维护	采用植被覆盖和土壤改良等更具有长期可持续性的生物维护措施而非使用重型机械，实现长期促进退化土地的自然恢复和可持续发展

2.3.7.2 案例分析

（1）德国柏林滕珀尔霍夫公园（Tempelhof Park）和费尔德食物森林（Feld Food Forest）

【项目概况】

该项目是对德国柏林旧机场的更新改造，目标是创建柏林最大的城市公园，最终保留约90%的原机场跑道和绿地，并新增大量开放草地、自然景观与休闲设施来丰富市民的户外活动。改造项目特别关注材料的环保性能和长期维护的可持续性，同时评估绿化对碳吸收的贡献。项目综合考量环境保护、社区参与和可持续发展，目标是实现物理空间的转型，增强社区参与度和文化活动的丰富性，打造多功能社区聚集地，强化社区凝聚力，推动城市可持续发展。

费尔德食物森林是公园中探索生物动力维护的实践倡议，致力于城市内部生态农业和可持续食物生产的创新实践。在项目维护中，重点推动"可持续发展的食用城市"理念和项目实施，利用城市绿心打造自给自足的食物森林，模拟天然森林结构，培养多样化的生态系统，构建多维度的可食用生态景观与生产系统，实现生物动力循环，减少人为干预及机械维护需求，创造人类与动植物共存的生物多样性环境，推动土壤恢复、生态平衡及可持续农业实践（Feld Food Forest，2024）。园区内的白杨、橡树、柳树与低矮药用植物，结合枯枝、落叶及剩余农作物，与野生动物如野兔、田鼠及狐狸等共同构建了公园独有的自循环生态系统。

【策略应用】

食物森林主要采用七大垂直层的种植方式，包括乔木层（高大果树和坚果树）、亚乔木层（矮小果树）、灌木层（浆果）、草本层（多年生草本植物、一年生草本植物和绿叶蔬菜）、攀缘植物层、地表覆盖层和根际层，促进植物间互利共生，降低病虫害，增强土壤肥力（Berliner，2022）。

公园土壤维护重点是将真菌和菌丝体作为植物群落种植的重点拓展层次。同时，注重场地生成过程中废弃有机物质的循环，采用覆盖物和堆肥化处理，结合固氮植物，优化土壤肥力和结构，降低对机械化耕作和化学肥料的依赖。

同时，公园选择气候适应性强、节水能力强和具有自播繁衍能力的品种，减少播种浇灌作业的能源消耗（张炜，2014）。植被每年按照时间表进行定期精确修剪，为适应场地动物的生活习性，每年4~7月实施草坪封闭管理，防止人类活动干扰鸟类与昆虫等的繁殖。

（2）深圳湾福田红树林湿地修复

【项目概况】

该场地是深圳重要的原生红树林系统，具有强大的固碳功能。项目旨在利用自然途径恢复并强化红树林湿地的生态功能，建立连接海洋与城市、鸟类与人类的生态桥

图2-23　深圳湾福田红树林保护区土壤与植物修护（黎昱杉　摄）

梁，优化区域的生态及居住环境，提升邻近区域的综合价值（图2-23）。湿地修复措施包括再植红树林、重建潮间带、净化污染物和增强生态系统服务等，同时促进社区参与，增强公众生态保护意识，促进城市绿化进程，提升居民的生态福祉。

【策略应用】

在不适宜林木种植的滩涂建设中，红树林修复主要采用无瓣海桑作为先锋树种，发挥其防风固沙和加速淤积的作用，提升滩涂高程，优化造林条件，满足本土红树林生长需求。经2~3年后，对无瓣海桑林进行人为清除，随后植入本土红树植物，确保其在原无瓣海桑生长地顺利成林，且消除无瓣海桑残留。通过生物自然演替和修复动力为红树林可持续发展创造条件。

土壤维护主要是部分公园小径使用修复项目中移除的外来无瓣海桑作为材料，木桩在土壤中分解时释放酸性物质，有助于中和碱性土壤，改善土壤环境，实现土壤低维护可持续发展。

植物维护是利用本杰士堆技术将原场地大石块与建筑废弃物堆积，覆盖枯枝，填充混合本地植物种子的土壤，种植具有防御性的多刺蔓生植物，建立植物自然演替基础，丰富动物栖息隐蔽空间。同时，在红树林与基围塘过渡带，种植适合害虫天敌栖息的稀疏灌木和低矮草本植物，如禾本科、莎草科等，并降低高大乔木树种的高度和密度，形成蜘蛛、蜜蜂等昆虫的栖息空间，进而增强天敌种群，控制害虫扩散。

（3）美国旧金山东湾地区公园区综合有害生物管理（integrated pest management，IPM）计划

【项目概况】

东湾地区公园区是美国最大的城市区域公园区，占地约500km²，拥有约2000km

的步道和90km的海岸线，由"东湾地区公园管委会"统一管理。公园区管理工作的一个重要部分是预防和控制害虫和杂草，公园区通过使用有害生物综合管理的方法（图2-24），有效减少害虫种群，清除杂草，同时最大限度地减轻对人类健康和环境的危害。

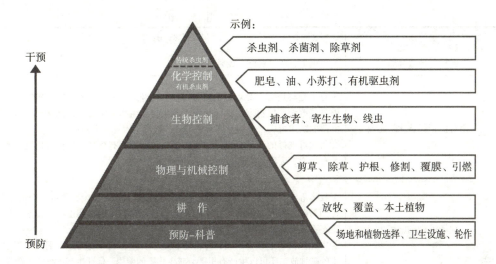

图2-24 旧金山东湾地区公园区综合有害生物管理（IPM）计划（改绘自 https://www.ebparks.org/natural-resources/integrated-pest-management）

【策略应用】

计划致力于防止害虫和杂草的入侵和传播。公园每年会识别、测绘和监测区域内是否存在有害生物或潜在的入侵途径，以便及时实施管控措施，阻止有害生物的传播。此外，公园还邀请公众通过移动平台绘制杂草地图，根据平台收集的数据确定维护行动的优先次序。

计划还包括一系列耕作、物理、生物和化学控制方法。在考虑化学防控之前，公园区通常会优先使用耕作、机械和生物控制或这些方法的组合。大部分土地使用放牧来控制杂草生长和提高生物多样性，一部分采用物理控制方法，如修剪道路和小径沿线的植被，同时利用害虫的天敌或引进的天敌来降低害虫的传播能力，并对特定杂草引入针对性的生物控制剂等。

2.3.8 应用有机肥料养护

在维护过程中，施用化肥、使用化学杀虫剂和除草剂等措施可能会使土壤生物退化，降低土壤肥力，不利于植被生长，降低土壤和植物的碳汇能力。同时，化肥的使用还会释放多种温室气体到大气中，产生碳排放问题（黄国勤 等，2004）。

减少化肥的使用，使用有机肥，采用对环境低影响的虫害管理、除草管理等养护措施，降低碳排放，促进植物和土壤碳汇效益的提升。

2.3.8.1 主要方法与策略

在维护过程中，采用对环境低影响的有机肥料养护措施（表2-31）。

表2-31 对环境低影响的有机肥料养护措施（杜为研 等，2020；宁川川 等，2016；刘秀梅 等，2007；刘瑜 等，2020；叶宏，2015）

策 略	主 要 内 容
保持土地碳存储	若土壤生态环境良好，无须翻耕
采用有机肥代替化学肥料	①有机肥料是指主要来源于植物和动物，经过发酵腐熟的含碳有机物料，能够显著改善土壤物理性状，提高土壤生物和生物化学特性，优化土壤微生物群落的结构组成，增加土壤有效养分，维持土壤养分平衡； ②目前可选择的商品有机肥种类繁多，包括粪便有机肥、秸秆有机肥、腐殖酸有机肥、废渣有机肥、污泥有机肥等类型
现场堆肥和施用	①收集落叶、草屑、枯枝、树干及灌木剪枝等生态环境废弃物进行现场堆肥，运用粉碎、堆积、发酵等技术将废弃物转化为有机肥料和土壤改良剂，用于生态系统土壤和植被的养护； ②由此保留场地原有的碳，降低肥料运输、生态废弃物清运、消纳过程中产生的碳排放，还可以生产有机肥，减少化肥的使用，保证生态系统的平衡发展
避免使用化学除草剂	避免使用对环境有影响的化学除草剂，适当应用物理除草方法和生物除草剂

2.3.8.2 案例分析

美国格里菲斯公园堆肥设施（Griffith Park composting facility）

【项目概况】

该项目堆肥设施于1996年开始运营，旨在对公园产生的有机物进行堆肥，生产堆肥产品并将其用于公园的养护，在不对生态环境造成负面影响的情况下，完成了公园废弃物原地回收循环。

【策略应用】

维护人员从公园中收集掉落的树叶、草屑和动物粪便，将动物粪便与生物固体废料和绿化废料在堆肥区进行混合形成静态堆，通过穿孔管道进入生物过滤器。生物过滤器由天然成分（木屑、石灰石和泥炭藓）制成，可以有效地减少产生臭味的污染物。经过60天的堆肥、固化和筛选，将持续产出成熟堆肥产品用于公园自身维护使用和其他区域使用。

2.3.9 循环利用多类型废弃物

城乡生态环境维护阶段中能够循环利用的废弃物主要由园林废弃物、生活废弃物、建筑废弃物等组成。废弃物处理运输成本高，存在水源污染、空气污染、火灾隐患等环境负担（刘天翔 等，2021），产生碳排放问题。

经改造利用、技术处理后的园林废弃物、生活废弃物、建筑废弃物等，在满足环境要求的同时，可以作为再生资源循环运用于城乡生态环境的植物养护、设施维修、景观提升等，实现资源的高效利用，降低碳排放。

2.3.9.1 主要方法与策略

园林废弃物、生活废弃物、建筑废弃物、工业废弃物等都具有循环利用潜力（表2-32），需要结合废弃物本身特点开展技术处理，在不产生环境影响的前提下，作为再生资源进行高效利用，降低碳排放。

表2-32 不同类型废弃物循环利用方式汇总（刘瑜 等，2020；刘天翔 等，2021；张雯，2018；张青萍 等，2011）

废弃物类型	废弃物名称	处理方式	应用情况
园林废弃物	枯枝落叶、植物修剪物	生物转化	制成有机肥、土壤改良剂、栽培基质、园林覆盖物等植物养护产品
		化学处理	制作水热炭、生物质炭等
		物理处理	制作人造板、生态混凝土、覆盖垫、燃料颗粒等
生活废弃物	生活垃圾	生物转化	加工成用于城乡生态环境养护的肥料、土壤改良剂
		改造利用	果壳等可处理为有机覆盖物
	废旧玻璃	改造利用	可直接应用于构筑、铺装、修缮，设计休闲小品等
		化学处理	回收加工后可制作泡沫玻璃、玻璃棉、轻骨料
	塑料盒、轮胎等具有容器性质的物品	改造利用	经改造、装饰可作为种植容器
建筑废弃物	混凝土	改造利用	用于硬质景观、设施修缮
		物理处理	粗骨料用于拌制再生混凝土、工程基础回填；细骨料用于生产透水材料、多孔砖、混凝土砌块等
	竹、木材	改造利用	用于硬质景观、设施修缮，或加工成休闲小品装饰等
		生物转化	加工成用于养护植物的肥料、土壤改良剂、有机覆盖物等
		化学处理	回收后用于生产纤维板、密度纤维板等再生木材
	钢架、钢筋、钢模板等	改造利用	经除锈等处理后可改造为花架，修缮石笼、景观铺装等

（续）

废弃物类型	废弃物名称	处理方式	应用情况
建筑废弃物	砖、瓦	改造利用	用于硬质景观、设施修缮
		物理处理	进行二次回收利用制成骨料
工业废弃物	废弃石材	改造利用	用于硬质景观、设施修缮
		物理处理	改造为无机覆盖物
	废渣	改造利用	粉碎处理后可用于路面垫层修缮
		物理处理	可做透水砖

园林废弃物主要指绿化植物生长过程中自然更新产生的枯枝落叶废弃物或绿化养护过程中产生的乔灌木修剪物（间伐物）、草坪修剪物、花园和花坛内废弃花草以及杂草等植物性废弃材料，是生态环境维护中可循环利用的主要废料。园林废弃物含有大量木质纤维素，如果处理不当会造成碳排放，可以通过厌氧发酵等生物转化处理、水热炭化等化学方法、固化成型等物理方法进行处理，形成有机肥、育苗基质、土壤改良剂等植物养护过程中所需的重要产品，以及水热炭、人造板等重要生态再生材料（刘瑜 等，2020）。

生活废弃物中的有机垃圾主要通过堆肥、热解等方式资源化。其他能够使用的废旧物品、器皿如废旧轮胎、废旧玻璃瓶等，可通过改造、装饰成为种植器皿或建造创意园林小品的素材，也可作为再生材料的基材，避免环境污染和碳排放。

保存情况较好的建筑和工业废弃物如混凝土块、砖瓦、石材、钢板等可直接用于城乡生态环境硬质景观的修缮。保存情况较差的建筑和工业废弃物可经过分拣、剔除、粉碎、化学处理等方式，加工成骨料、透水砖、再生木材等再生材料（张青萍 等，2011），用于城乡生态环境的修缮提升。

2.3.9.2 案例分析

爱尔兰都柏林桥角街心公园（Bridgefoot Street Park）

【项目概况】

该项目位于都柏林市中心，是一个以构筑物和拆迁废料作为再生材料的低成本公共空间。项目建造和维护注重与周边社区的多元化人群开展合作，与周边社区园丁开展园艺种植互动，委托社区再培训人员和监狱后期关怀服务人员参与场地持续更新维护，为社会弱势群体提供援助。

【策略应用】

项目团队研发了一种新型的种植基质用于恢复场地的生物多样性和可持续养护。项目团队利用碎石可再生材料和土壤进行混合，形成4种不同组成成分的种植基质混合

图 2-25　都柏林桥角街心公园利用再生材料塑造地形

物，结合养护技术创新，测试植被是否能在再生基质上生长，形成具有生物多样性的自然生境（图2-25）。

小　结

在城乡生态环境的全生命周期中，针对碳足迹的管理是实现项目长期节能减排的关键。这一管理过程涵盖设计、建造和维护三个阶段，每个阶段都需要采取具体的策略和措施。通过采取科学合理的策略和措施，实现项目的长期节能减排目标。这不仅有助于提升城乡生态环境的可持续性，也为应对全球气候变化挑战提供了有效的解决方案。

在设计阶段，保障材料和能源的高效利用、提升空间碳汇能力是核心目标，包括采用基于自然的解决方案，尊重场地原本的地形地貌条件等11项具体措施。进入建造阶段，材料的选择、施工过程和物流运输等对碳排放具有重要影响，包括使用场地本身的材料、选择低碳环保材料等六项具体措施。在维护阶段，重点降低维护过程中的能源消耗和碳排放，主要采用节水措施、采用植物粗放养护方式、减少化学肥料使用和不必要的移植，应用智慧管理养护技术等九项具体措施。

思考题

1. 如何基于自然的解决方案通过设计提升资源利用率？
2. 目前有什么新材料可以用于工程建造以实现碳排放的降低？
3. 如何有效降低维护阶段灌溉等产生的碳排放？
4. 如何运用未来智慧技术持续降低维护阶段的碳排放？

拓展阅读

1.《人工湿地水质净化技术指南》.中华人民共和国生态环境部.
2.《污水自然处理工程技术规程》.中华人民共和国住房和城乡建设部.
3.《装配式钢结构模块建筑技术指南》.中华人民共和国住房和城乡建设部.
4.《园林绿化养护标准》.中华人民共和国住房和城乡建设部.
5.《绿化植物废弃物处置和应用技术规程》.国家林业和草原局.

第3章 碳汇提升途径

城乡生态环境的植物、土壤、水体等都是自然碳汇的重要载体，主要通过光合作用将大气中的二氧化碳吸收并固定在植被与土壤当中，包括植物碳汇、土壤碳汇和水体碳汇等多种类型。城乡生态环境建设需要持续增强碳汇能力，并避免由于生态环境的破坏产生碳排放。

3.1 植物碳汇提升

3.1.1 应用高碳汇乡土植物

由于植物的碳汇能力由其生物学特征决定，所以植物种类的选择非常关键（王敏、石乔莎，2015）。增加植物碳汇要综合考虑功能的平衡，并创造适宜植物生长的生态环境，提升植物碳汇的效率。

根据不同地区的本地植物种类和固碳情况，设计师可以通过植物碳汇数据库或植物碳汇计算软件，针对植物的类型、数量、群落习性等进行选择，在尽量利用本土植物的基础上，选择适配的乡土高碳汇植物，开展群落种植。

3.1.1.1 主要方法与策略

植物的类型、年龄、规格、群落结构等对其固碳能力起决定性作用。此外，大气温度、相对湿度、人为干扰影响以及城乡绿地网络的连续性、布局均衡性、结构合理性等，对植物的固碳能力也会产生较大影响（王敏、石乔莎，2015）。

植物碳汇能力的提升需要重点考虑以本土植物为主，或者选择在本地具有良好生长表现和生态效益的植物。以高碳汇植物为主，保留高碳汇的植物品种和处于活跃生长期的植株，组合高碳汇植物形成健康可持续发展的高碳汇植物群落。植物之间碳汇高峰的季节互补，尽可能让植物群落的高碳汇时期覆盖更多的季节。

3.1.1.2 案例分析

澳大利亚图塔纳普（Tootanellup）生物多样性碳汇种植

【项目概况】

该项目位于西澳大利亚大南部地区，重点恢复图塔纳普自然保护区栖息地。通过与专家的密切合作，重点恢复该地的原生植被，提升区域的固碳等生态系统服务功能。

【策略应用】

项目种植了本地79种不同的树种，重点是恢复多样性的植物群落（图3-1）。其中桉树不仅是一种高碳汇物种，而且为濒临灭绝的鸟类提供了重要的食物来源。此外，整个区域都安装了小型哺乳动物筑巢箱，以便在栖息地恢复期间为其提供庇护（Carbon Positive Australia，2023）。

图 3-1 图塔纳普生物多样性碳汇种植恢复过程（引自 https://carbonpositiveaustralia.org.au/our-work/planting-projects/tootanellup-wa/）

3.1.2 应用高碳汇生长阶段植物

不同生长阶段植物的固碳能力具有显著差异，选择适宜生长状态的植物对绿地碳汇量的提升至关重要。

应多选择生长阶段较长的植物品种种植，并选择处于生长阶段或能快速进入生长阶段的植株，从而达到高效和可持续的固碳作用（Climate Positive Design，2023）。后期维护时，应多种植新的处于生长阶段的植物，优先更新树龄较大、固碳能力减弱的植株。

主要方法与策略

植物生长阶段的碳汇能力受到植物年龄、品种等相关因素的影响，重点选择处于生长阶段的植物（表3-1）。

表3-1 影响植物生长阶段碳汇能力的因素（Climate Positive Design，2023；郭丽玲 等，2018；伦飞 等，2012）

策　略	原　理	主　要　内　容
植物年龄	①植物的固碳能力与栽植后的时间并不是简单的线性关系，植物需要一段适应时间才能充分发挥其固碳潜力，而处于生长阶段的植物适应能力较强，能更快地发挥固碳效果； ②在生长阶段，植物具有极高的碳汇能力。当植物过了"青壮年"，即吸收二氧化碳的峰值期，其固碳能力就会逐渐下降。到了植物的衰亡阶段，枝干掉落，有可能造成固定二氧化碳的释放	种植所选的植物应处于生长阶段的前期，其生长阶段越长，在生态环境中产生的碳汇就越多
植物品种	不同品种植物的生长速度和生长周期的长短不同，固碳量和时间也不同	综合建造和维护的碳排成本，为了最大限度地固碳，种植应选择生长速度快、生长阶段长、生物量大、寿命长、维护成本低的植物品种
可持续森林经理	稳定森林的碳汇能力表现出与林龄明显的正相关规律，主要因为稳定森林有完整群落，自播繁衍保证群落的年龄分布较为稳定，保证了群体的固碳能力。而对于自我更新能力较差的群落，合理地进行采伐、补植，能更大限度地固碳	保证一个植物群落中，处于生长阶段的植株始终有较高的占比。通过自然或者人工的方式使得群落中始终产生新的植株，使其持续在生长的过程中固碳

3.1.3 应用深根性植物

植物的根系存在巨大的潜在储碳量，并可与土壤中的碳进行流通转换。在植物的帮助下，碳可以进入土壤。植物根系能够帮助地表有机质分解后随径流入渗，有助于增强土壤动物与微生物的繁殖力和生存范围，从而增强碳源汇集、提高固碳能力，其分布对于土壤储存积累碳素具有至关重要的影响作用（黄林 等，2009）。

根据地理位置与气候，选择合适的深根性植物种植能够提高碳汇的效益。深入土壤的根系让碳保留在更深层的土壤中，碳会以死去的地下根系和根系分泌物等形式进入土壤（Yang et al.，2023）。

3.1.3.1 主要方法与策略

在城乡生态环境的种植中，让植物的根扎得更深，就能将碳埋入更深的地下，有助于长期储碳。而这一过程通过植物自主生长就能完成，是一种生物过程，具有很高的固碳性价比（表3-2）。

表3-2 影响植物根系固碳能力的因素（贺红早 等，2017；唐国 等，2022；王绍飞，2023；沈阳应用生态研究所，2017）

策　略	主　要　内　容
植物品种	植物根系的形态主要由植物本身的生物学特性决定，深根性的植物在长期固碳的能力上有先天优势
气温与降水量	由于气温和降水量在植物根系生长中起着很大作用，选择城市或者大面积绿地的基调树种时，需要考虑当地气候是否能保证植物的理想碳汇量，更精准地使用根系固碳效率更高的植物。不同植物对于气候因素的敏感度不同，具体植物的特性需要查找相关研究资料
土壤微生物群落	注意维护土壤微生物群落，其同化代谢过程可形成土壤微生物碳泵，在植物根系固碳的过程中有重要作用

3.1.3.2　案例分析

利用植物计划（harnessing plants initiative，HPI）

【项目概况】

"利用植物计划（HPI）"提供了一个大胆的、可扩展的、可以快速实施的解决方案。相对于普通植物死亡和分解后其固定的碳会重返大气中这样"暂时性"的碳汇，本计划旨在培育新一代农作物和湿地植物，将更多的碳保留在地下，并将其持久地储存于植物根系中。

【策略应用】

本计划主要由2个部分组成，分别为二氧化碳的清除与沿海植物恢复（SALK，2024）。二氧化碳的清除主要通过提高根部质量、深度和木栓质含量，增强小麦、水稻、玉米和其他作物的碳汇能力。沿海植物恢复主要用于培育固碳、净水以及环境适应能力更强的湿地植物。

3.1.4　种植高碳汇可持续群落

植物的群落结构是影响植物固碳能力起决定性作用的因素之一（王敏、石乔莎，2015）。城乡生态环境营造不仅要考虑植物个体的碳汇能力，还应着眼于植物群落的组团效应（徐昉 等，2023）。在植物种植中构建高碳汇植物复层结构，实现群落自然演替发展，保障植物群落的可持续性和植物碳汇的稳定性。

通过对城乡生态环境中的植物群落进行合理配置，构建复层—异龄—混交的立体植物群落，形成近自然植物生态系统来引导群落的自然演替，通过稳定健康的植物群落增加植物碳汇储量并维持碳汇稳定性。

3.1.4.1 主要方法与策略

为打造碳汇能力较强的植物群落，设计师应结合高固碳植物数据库，充分考虑植物群落的树种选择、植物群落内部的配植方式、植物群落生物多样性与植物种植密度，以及近自然群落的营建方法，形成以高固碳植物为优势树种的高固碳植物群落（图3-2，表3-3）。

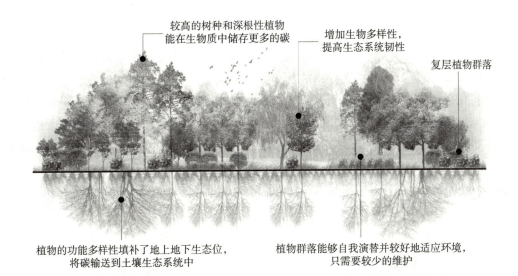

图 3-2　高固碳可持续植物群落构建

表3-3　高碳汇植物群落营建方法（罗玉兰 等，2022；Deanna Lynn，2020；张博通 等，2024；于超群 等，2016；童家靖 等，2018；严玲璋 等，2009）

策　略	主　要　内　容
植物群落树种选择	①选择深根性的植物，碳汇能力更强； ②选择生长速度快的阔叶树种，以增加单位面积碳固定的密度； ③选择低维护树种，减少后期的养护管理对碳储量的影响
植物群落配植	①构建乔灌草复层、针阔叶混交的异龄植物群落； ②增加植物生物多样性和功能多样性，注重植物间的合理搭配，避免植物种间竞争，注重植物生长习性，尽可能选用乡土植物和群落； ③选择碳汇效应高的树种作为群落骨干树种，根据积聚效应，若植物群落骨干树种的碳汇效应高，则该植物群落具有较高的碳汇效应
近自然植物群落构建	①采用"宫胁造林法"等潜在植被理论和演替理论构建近自然群落，形成生物量高、碳汇能力强的植物群落，提升城乡生态环境固碳能力； ②遵循科学方法构建近自然群落，主要方法步骤包括潜在植被类型的调查，优势种的选择和群落的重建，制订种苗培育计划、城乡生态环境的建设、可持续养护等

3.1.4.2 案例分析

泰国曼谷都市森林公园（Bangkok Metro-forest）

【项目概况】

该项目坐落于曼谷东部边缘的郊区，重现了泰国历史上的森林生态系统，通过户外展览元素，向周边居民科普雨林生态知识，唤醒环保意识。项目大量使用19世纪中期该区域内广泛分布的植物类型，在一个较小的尺度上塑造了变化丰富的小环境，为不同的植物生长与群落演替提供基础，构建了一个层次丰富且自然演替的高碳汇植物群落。

【策略应用】

项目创造了一个多样化的森林生态系统，通过与森林生态学家的合作，借助"宫胁造林法"打造近自然群落，并通过检测与预测模型，引导群落演替。最终，超过279种6万株树木分布在森林公园中，根据不同植物群落所创造的空间类型确定树木种植位置，并以50cm为幼苗种植的间距，促进森林核心区内植被在演替过程中经历自然选择（图3-3）（Landscape Architects of Bangkok，2016）。在植物群落达到稳定前，行人只能通过空中步道在瞭望塔间穿梭，避免对植物群落产生过多干扰，在群落稳定后，将在地面开辟小径，让游客能够深入森林之中，体验层次丰富的森林空间。

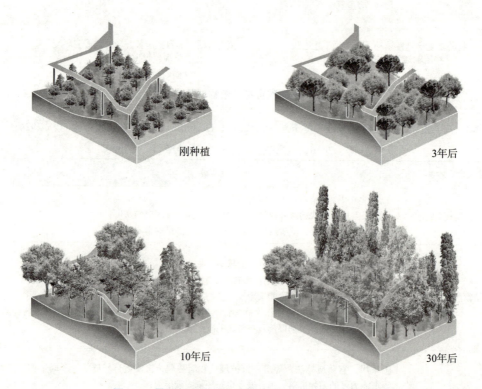

图 3-3 曼谷都市森林公园高固碳可持续植物群落恢复

3.1.5 循环利用植物废弃物

植物自然脱落或者修剪养护时会产生废弃物,如果处理不当会带来固定碳的释放,所以要合理保留并利用植物废弃物。

对植物废弃物进行有效管理,选择更加低碳的处理和再利用方式,在综合考虑经济效益的前提下,最大限度保留植物废弃物中的碳汇量。

3.1.5.1 主要方法与策略

在对植物废弃物进行处理前,要按其可处理度进行分类(表3-4)。

表3-4 园林植物废弃物低碳处理方式汇总(朱悦 等,2023;厉桂香 等,2023;Moroni et al.,2015)

策 略	原 理	优 势	不 足	作 用
堆肥处理	将粉碎后的植物废弃物进行发酵,转化为腐殖质	技术成熟,为土壤改良优质介质	处理时间长	土壤改良
自然覆盖物	直接铺设或经粉碎加工后用于铺设土壤表面	操作简便,直接使用	产生粉尘和噪声,带来能耗	土壤改良
生物炭	将植物废弃物进行高温处理,制备成生物炭	用于环境治理	加工成本高	土壤改良、污染修复、污水治理
木塑工艺	将植物废弃物与热塑性树脂及其他材料结合而成的新型材料	产品经济价值高	对原料有要求	建材、工艺品
栽培基质	分类粉碎后,与传统基质材料混合作为种植基质	质量轻、运输便捷	操作复杂,原料要求高	菌类栽培
森林掩埋	埋藏在土壤中,为微生物提供养分	就地处理,优化土壤	工作量较大	植物保育
环境装置	将形态较好的植物废弃物用于造景	美观	材料要求高	环境造景

3.1.5.2 案例分析

微山湖湿地公园

【项目概况】

该项目场地多年来受到农业和水产养殖影响而出现衰退。项目建设的目标是恢复这片区域的生态湿地系统,实现水体修复、湿地保护和旅游开发的平衡,并促进周边区域经济发展。

【策略应用】

鉴于场地的复杂性和脆弱的生态条件，设计师对场地进行综合调研和分析，提出微创材料的设计理念，包括场地内新建的软土护壁由现成的柳条和遗留下来的杨树桩建造而成，实现了植物废弃物的再利用（图3-4）。第2年春天，包覆着木桩的枝条生根发芽之后，能够固定周边土壤层。植物废弃物的使用，使得原有生态资源的潜力发挥最大化，也减轻当地植物废弃物处理的压力，实现了碳封存。

图3-4 柳条编织形成的软土护壁

3.1.6 应用立体绿化

在高密度、高容积率的城乡区域，可用于种植的土地面积非常有限。立体绿化是充分利用空间、利用各种载体降低开发影响的具体策略之一，也是实现节能减排、海绵城市等发展要求的重要策略（许恩珠 等，2018）。

通过立体绿化的技术手段，依附建筑立面、屋顶等城市三维界面，引入适应性强、形式美观、生态效益高的植物种植，提升城乡生态环境绿量，增加城市碳汇。立体绿化种植需要考虑气候适应性和维护成本，避免造成过高养护碳排放，降低综合碳汇效益。

3.1.6.1 主要方法与策略

立体绿化形式主要包括墙面绿化、挑台绿化、门庭绿化、棚架绿化、篱笆与栏杆绿化、柱廊绿化、假山与枯树绿化、坡面、台地绿化、城市桥体绿化、屋顶绿化10种形式（表3-5）。

表3-5 主要立体绿化形式汇总（付军，2011）

策略		主要内容
墙面绿化	攀缘类墙面绿化	攀缘类墙面绿化是利用攀缘类植物吸盘、卷须、钩刺等攀缘结构，使其在生长过程中依附于建筑物的垂直表面
	设施类墙面绿化	设施类墙面绿化是近年来新兴的墙面绿化技术，在墙壁外表面建立构架支持容器模块，基质装入容器，形成垂直于水平面的种植土层，容器内植入合适的植物，完成墙面绿化
挑台绿化		挑台绿化是技术上最容易实现的立体绿化方式，包括阳台、窗台等各种容易人为进行养护管理操作的小型台式空间绿化，使用槽式、盆式容器盛装介质栽培植物是常见的绿化方式
门庭绿化		门庭绿化指各种攀缘植物借助于门架以及与屋檐相连接的雨篷进行绿化的形式，是融合墙面绿化、棚架绿化和屋顶绿化的技术方法
棚架绿化		棚架绿化是各种攀缘植物在一定空间范围内借助于各种形式、各种构件在棚架、花架上生长，并组成景观的一种立体绿化形式
篱笆与栏杆绿化		攀缘植物借助于篱笆和栅栏的各种构件生长，用以划分空间区域的绿化形式
柱廊绿化		柱廊绿化主要是指对城市中灯柱、廊柱、桥墩等有一定人工养护条件的柱形物进行绿化
假山与枯树绿化		假山与枯树绿化指在假山、山石及一些需要保护的枯树上种植攀缘植物，使景观更富自然情趣
坡面、台地绿化		坡面、台地绿化指以环境保护和工程建设为目的，利用各种植物材料来保护具有一定落差的坡面绿化形式
城市桥体绿化		城市桥体绿化指对立交桥体表面的绿化，既可以从桥头上或桥侧面边缘挑台增加种植，种植具有蔓性姿态的悬垂植物，也可以从桥底开设种植槽，利用牵引、胶黏等手段种植具有吸盘、卷须、钩刺类的攀缘植物，还可以利用攀缘植物、悬挂花卉种植槽和花球点缀来进行立交桥柱绿化
屋顶绿化		屋顶绿化包括在各种城市建筑物、构筑物等的顶部以及天台、露台上的绿化

3.1.6.2 案例分析

（1）上海恒基旭辉天地

【项目概况】

该项目位于上海市黄浦区的新天地板块，充分考虑政府对项目绿地率的比例要求，在提高城市空间绿视率的同时，实现城市生态、生活美学、历史人文等社会功能的复合。

【策略应用】

项目在4栋建筑的14个外立面窗口外沿，布置了约2500个艺术花钵，种植各色植物，成为立体绿化创新探索的实践典范（虞金龙，2021）（图3-5）。花钵采用艺术化的设计手法，与建筑结构紧密融合，通过简单的重复形成了极具视觉冲击力的艺术效果，为建筑赋予了特色。这种立体绿化设计在满足上海绿化率要求的同时，也为建筑环境提供了多样化的生态服务功能。

图3-5 上海恒基旭辉天地立体绿化系统（孔涵闻 摄）

（2）意大利米兰"垂直森林"（Bosco Verticale）

【项目概况】

该项目利用建筑层挑出的平台进行绿化，为每位业主打造了私密的空中花园。花园不仅为居民提供了亲近自然的机会，还使得整个建筑成为一个立体的绿色生态系统。

【策略应用】

在项目中，730株乔木、5000株灌木和11 000株草本植物被精心种植在了两栋高层住宅建筑的露台上，构建了一片"垂直森林"，并通过科学的供排水系统、种植土层、安全的支撑与养护系统，保障"垂直森林"的可持续性（图3-6），2014年建成后每年吸收二氧化碳约30t（虞金龙，2021）。这片"垂直森林"为城市增添了绿意和美感，随着季节的变迁，这片"垂直森林"呈现出变化丰富的景色，同时发挥了固碳、释放氧气、阻尘、降噪等生态功能，为城市生态做出了积极贡献。

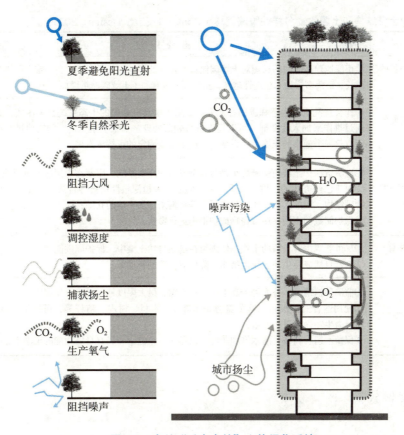

图 3-6 米兰"垂直森林"立体绿化系统

3.2 土壤碳汇提升

3.2.1 土壤结构和生物多样性保护

土壤固碳主要由植物通过光合作用促进实现，植物从大气中吸收二氧化碳，并制造对植物生长至关重要的有机化合物。土壤结构破坏和生物多样性丧失，将造成土壤中有机碳的释放，不仅造成了土壤碳亏缺，也产生了碳排放。未来的生态环境建设应优先考虑如何维护土壤生态健康，保护土壤微生物系统的平衡。

一旦植物死亡或落叶，细菌、真菌和蚯蚓等土壤生物就会分解植物材料，将其转化为有机物或土壤有机碳，防止其重新进入大气。土壤固碳是实现碳中和与土壤健康的双赢解决方案，土壤碳汇的影响因素主要包括土层深度、建造时间和绿地类型等（王敏、石乔莎，2015）。

3.2.1.1 主要方法与策略

保护土壤结构和土壤生物多样性可以主要采用五种方法与策略（表3-6）。

表3-6　保护土壤结构和土壤生物多样性策略汇总（Climate Positive Design，2023；黄俊达，2017）

策　略	主　要　内　容
保护建造时间长的绿地	城市绿地建造时间的长短对土壤碳储量有较大的影响，一般来说，在一定期限内建造时间越长、群落多样性和稳定性越高，土壤环境越有利于土壤碳储量增加
尽量减少不必要的耕作	耕作会扰乱土壤生态和碳固存能力。如果土壤具有强健的生态系统且未压实，则不需要通过耕作来加入改良剂，可以优先进行表面处理。如果土壤压实，则需要进行深耕，进而重建一个健康的土壤生态系统，实现土壤碳固定的可持续发展
尽量减少压实和施工影响	①应尽量保护土壤免受施工车辆等重型设施的压实影响，限制在专用区域进行施工；②对于已经夯实的土壤，可采用表层施肥、种植深根性植被等自然方式逐渐改良土壤的物理结构，或加入有机质、膨胀页岩等材料来增加土壤的孔隙；③保护储藏的土壤，用覆盖物或护根物进行覆盖
采用土壤低影响干预技术	①尽可能减少对土壤的干扰，使碳留在场地自然土壤中，保护固碳能力；②选择自播或蔓生的多年生植物，降低对土壤的扰动
增加土壤碳	①监测种植情况，补充种子和下层植物空隙，最大限度地通过光合作用固碳；②使用适合的护根和土壤覆盖物如凋落叶、木材、树皮、秸秆等，可提供更多的养分，通过微生物循环进入土壤；③保留木屑、树枝、灌木堆和落叶，以形成一个健康和具有良好功能的土壤生态系统

3.2.1.2　案例分析

美国明尼苏达州马里恩湖畔住宅（Lake Marion Residence）

【项目概况】

该项目场地涵盖了草原、林地、湿地和湖岸，是一片处于退化中的生态环境。为了实现场地生态系统的恢复，制订了系统完善的修复方案，提升场地的可持续发展能力，实现包括固碳等综合生态系统服务功能的提升。

【策略应用】

为了实现场地生物多样性的持续恢复，设计团队与湿地生境恢复组织（wetland habitat restorations）进行了合作，运用3年时间对场地进行了系统的研究，探索并实施了一系列设计和管理策略，其中包括对场地土壤的结构保护和生物多样性提升。团队依托长时间的研究，专门针对场地环境制订了组合型的矮草种植方案，恢复低矮、紧凑的下层植被和草地。这些群落的恢复，有助于实现土壤生物多样性的增强和健康的恢复。健康的土壤环境和精心搭配的植物群落形成良好的生态系统，增强了土壤的可持续固碳能力。

3.2.2　城市渣土等废弃物堆肥利用

建筑渣土是常见的固体废物，往往堆放于城市弃土场、填埋场，会占用大量土地并导致水土流失。垃圾污泥也是常见的城市废弃物，富含植物生长所需的有机物和无机盐,经过堆肥处理,可使其中的营养成分增加,同时病原菌和寄生虫卵几乎被杀灭(杨威 等,2013)。建筑渣土、垃圾污泥等城市废弃物堆肥利用的潜力可以被挖掘,用于提升土壤的生态能力。

可以通过堆肥实现建筑渣土、垃圾污泥等城市废弃物的再利用,提高土壤碳汇能力和土壤碳储量。但是,经堆肥处理的污泥重金属含量较高(杨威 等,2013),需明确适宜施用的植物及施用比例。利用一些植物对某些重金属的强胁迫抗性或高富集特性,也可以实现污泥堆肥土壤重金属污染的绿色修复(刘强 等,2010)。

3.2.2.1 主要方法与策略

堆肥方式包括污泥堆肥、污泥与生活垃圾混合堆肥、污泥与建筑垃圾混合堆肥等(表3-7)。

表3-7 城市废弃物混合堆肥利用的方法(曹萍、陈绍伟,2004;吴雷祥 等,2008;杨威 等,2013;刘强 等,2010;赵广琦 等,2011;李艳霞 等,2002;王里奥 等,2010;叶静 等,2002)

策略	主要内容	
	最佳施用比例	施用植物
城市垃圾、排水管污泥、城市污水处理后的脱水污泥混合堆肥	最佳比例为城市有机垃圾66%~74%,排水管污泥13%~17%,城市污水处理厂脱水污泥13%~17%,含水率应控制在46%~48%,通风能力每立方米堆层应大于50m³/h,温度应控制在55~65℃,一次发酵为10d,二次发酵为15d	—
高含水率城市生活垃圾和脱水污泥混合堆肥	预处理(静置,将含水率降至55%左右)垃圾和污泥在质量比为1~3之间时,堆肥过程可以达到卫生化和稳定化的处理要求;质量比为1时升温速度快,堆肥周期短,有较好的堆肥效果	—
使用建筑弃土与污泥堆肥配制营养土	最佳堆肥施用量为30%	凤仙花等
将污泥堆肥施入土壤	最佳污泥堆肥施用比例为5%和10%,在此施用比例下,对污泥混配土壤中的重金属尤其是Zn、Cu的去除效果也最佳	高羊茅、万寿菊等
将城市污水处理厂堆肥污泥施入土壤	处理量的5.0%是花灌木生长的最佳投放量	红叶石楠、伞房决明、木槿、醉鱼草、海桐、木芙蓉、丰花月季、夹竹桃、连翘、金森女贞、绣线菊等
使用城市污泥堆肥作为草皮基质	14~70t/hm²的污泥堆肥,能够提高黑麦草生物量及促进其根系生长,草坪的密度和盖度明显提高	黑麦草等
将污泥堆肥产品与建筑弃土按不同比例配置营养土	较佳配置方案为堆肥产品占20%	麦冬等
使用污泥堆肥作为营养基质	'麦克18''野马Ⅱ'、混播高羊茅等高羊茅品种对污泥的适应性较好,只有当用量超过60%时才对出苗产生明显影响;马蹄金等草种适应性较差,污泥用量宜控制在20%~40%	高羊茅、马蹄金、混播高羊茅、剪股颖、早熟禾等

3.2.2.2 案例分析

巴塞罗那瓦尔德恩琼（Vall d'en Joan）填埋场景观恢复工程

【项目概况】

该项目场地曾经是垃圾填埋场，在修复前已经填埋了约1km²的范围，约占山谷的2/3高度，与山谷自然景观形成鲜明对比。修复工程从解决复杂技术问题、创造新的公共空间和创造新景观3个方面入手，根据垃圾填埋场的几何形状确定需要稳定和防护的区域，然后布置管道收集沼气，并排除产生的渗透液，将垃圾填埋场设计成台地（图3-7）。

地形处理与低维护耐旱乡土植物种植　　　　　　　　梯田农业景观

图 3-7　巴塞罗那瓦尔德恩琼垃圾填埋场废弃物台地系统

【策略应用】

堤防工程和渠道可以保证新梯田地形的稳固，在此基础上布置了养殖梯田、树木种植区、作物种植区。雨水径流被引入雨水蓄水池，用于区域灌溉。同时，利用城市垃圾厌氧发酵产生沼气，将沼气产生的动能用于驱动灌溉系统。

3.2.3 应用生物炭等土壤改良措施

生物炭可以从丰富且广泛可用的废弃生物质资源中获得，主要的来源包括农业和园林废弃物、森林废弃物、工业废弃物和牲畜废弃物（Fan et al., 2023）。生物炭不同于传统燃料木炭，具有改良土壤的能力，能帮助植物生长，也可用于碳收集及储存使用。

利用生物质炭化技术将植物有机废弃物转化为生物炭，再将生物炭应用于土壤改良措施中，实现对废弃资源的整合、土壤肥力提升、固碳减排、环境治理，提升土壤碳汇等综合生态效益。

3.2.3.1 主要方法与策略

目前生物炭技术在土壤的改良方面的应用主要是增加土壤肥力，提升作物质量，改良土壤，治理污染，固碳减排，发挥应对气候变化功能（表3-8）。

表3-8　生物炭改良土壤应用汇总（Fan et al.，2023；Chen et al.，2009；Yuan et al.，2023；Backer et al.，2018；Wang et al.，2021；Abdelgawad，2020；钱新锋 等，2012）

类　型	策　略	主要内容
污染治理	治理重金属污染	生物炭优良的孔隙结构具有吸附土壤重金属的能力，可以将游离重金属离子转化为生物利用度较低的形式，实现对难以修复的重金属污染土壤的预修复，帮助土壤生态系统的恢复和重建
	去除水污染	生物炭可以有效去除污染水体中的环境污染物
	去除恶臭	生物炭具有优秀的气味脱除效果
土壤肥力提升	改良土壤盐碱化	生物炭可通过提高团聚体稳定性、孔隙度、保水能力、阳离子交换量、有机碳含量和养分有效性，降低容重和缓解盐胁迫，从而显著改善盐渍土壤的物理和化学性状
	促进作物生长	生物炭的投入可以调节土壤微生物活性和代谢率，提高土壤养分有效性，进而刺激植物生长，改变根系结构，增加光合作用，从而提高植物养分吸收、生物量和产量
	为土壤微生物提供居所	生物炭和有机肥提供的丰富养分可以为异养微生物创造适宜的微生境，从而显著富集微生物
固碳减排	农业固碳	农业废弃物转化为生物炭可以实现碳封存
	使用生物碳基肥料	生物碳基肥料经常用于植物苗圃，来达到改良土壤，保护接种菌根真菌的目的。土壤添加生物炭后，会带来可以促进植物生长的养分及微量元素。此外，花木在移栽过程中，使用生物炭与有机肥的充分混合肥为底肥，能够增加有机肥的可吸收性，促进愈伤组织的生长，提高花木移栽的成活率

3.2.3.2　案例分析

芬兰赫尔辛基亲善（Hiilipuisto）公园生物炭土壤技术

【项目概况】

该项目由阿尔托大学主要负责，旨在研究生物炭如何影响土壤的基质和树木的生长。项目区由80棵城市树木组成，这些树木种植在9种不同的土壤上，其中7种含有可以在市场上购买的生物炭（图3-8）。项目除了用于科学研究外，还有助于在生态环境建设领域推动生物炭创新实践（Aalto University，2020）。

【策略应用】

研究重点对树木和土壤样本进行测量，分析生物炭对土壤水分含量、碳含量和养分含量的影响。研究发现除了土壤和植物自身固碳能力的差异外，绿色空间的使用情况也是影响固碳效果的因素之一。为了防止外界对绿地的破坏，在城乡生态环境中设置路径时应以游人的穿行习惯为依据（Tammeorg et al.，2021）。

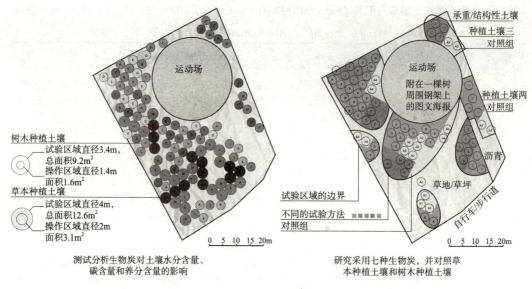

图3-8 亲善公园生物炭土壤技术（改绘自 https://www.aalto.fi/en/）

3.2.4 运用土壤生态系统恢复措施

当前土壤生态系统面临包括土壤污染、土壤退化、微生物生态失衡等问题，造成土壤生态系统的退化。土壤生态系统的破坏会影响有机碳储存、微生物呼吸作用等，从而对碳排和碳汇产生持续影响。

人为修复土壤生态系统不仅能直接提高土壤固碳量，还有助于减少因人类活动导致的碳排放，从源头和末端共同推动碳中和目标的实现。由于土地利用的多样性，对土壤生态系统的恢复需要在综合考虑土地原有功能的前提下，实现土壤生态系统与人类使用功能的平衡。

3.2.4.1 主要方法与策略

土壤生态系统修复通过植被恢复与植树造林、土壤有机质管理等一系列系统方法的综合使用得以实现（表3-9）。

表3-9 土壤生态系统恢复方法（Climate Positive Design，2023）

策略	主要内容
植被恢复与植树造林	通过植树造林、草地恢复、退耕还林等方式，可以增加土壤植物数量和覆盖面积，提高光合作用速率，吸收更多的大气二氧化碳并将其固定在植被体内和土壤中
土壤有机质管理	提高土壤有机质含量有助于增强土壤碳库功能。通过施用有机肥、种植覆盖作物、实施免耕或低扰动耕作技术等措施，能够减少土壤有机碳的分解，同时增加土壤微生物活性，促使土壤固碳能力提升
农田管理优化	采用合理的农业管理策略如轮作制度、精准施肥、节水灌溉等，不仅有利于改善土壤质量，还能减少农业生产过程中的温室气体排放，同时促进农作物生长，间接增加土壤碳储存

(续)

策略	主要内容
生态修复工程	对受到破坏的矿区、废弃地以及其他受污染土地进行生态修复时，需要重点考虑区域被破坏土壤生态系统的植被恢复，通过植物、微生物以及土壤颗粒实现碳封存
土壤改良技术	应用生物炭、石灰石等材料改良酸性土壤，既能减轻土壤酸化问题，也有利于土壤中有机碳的稳定，从而增加长期碳存储量
采用本地适应性人造土壤	在需要人造土壤的地方，模仿当地土壤，保持地方性土壤和种植可以提高当地生物多样性，减少入侵物种，恢复土壤健康生态系统
综合生态系统管理	鼓励生态农业、农林牧复合系统等多元化经营模式，既保护了土壤生态系统的健康和多样性，又提升了整个生态系统的碳循环效率和碳储存能力

3.2.4.2 案例分析

（1）美国斯波坎滨河公园（Riverfront Spokane）

【项目概况】

该项目场地属于工业历史景观，生态系统处于衰退过程中。设计在尊重和保护世博会遗产的同时，希望通过修复工业历史景观，提升场地遗产的功能价值，将城市、居民和河流重新联系起来，恢复生态系统功能和活力。

【策略应用】

土壤生态系统修复是项目需要解决的首要问题。由于土壤存在污染，所有的表面雨水径流都将被排入雨水花园，进而消除土壤污染物随雨水渗入河流的可能性。大量受到污染的土壤被封存，用于场地塑造，在展馆的地面区域被塑造成基座地形。这些被污染土壤的表面设置了保护性屏障，并用清洁土壤和植物进行覆盖，通过自然力量持续恢复土壤生态系统健康，增强生态功能。

（2）美国韦尔斯利学院（Wellesley College）景观

【项目概况】

该场地曾经是遭受污染的土地，现在变成了学校的栽培基地。项目采用系统的土壤修复方法，通过"让自然做功"持续恢复土壤的生态系统健康，已经成为棕地土壤修复和再利用的典范。

【策略应用】

分级处理场地污染土壤。场地污染较轻的土壤用干净土壤进行覆盖，在尽可能减少土壤扰动的情况下，为植被的恢复提供载体，实现土壤和植被系统的共同修复。在受严重污染的土壤环境，运用了合成黏土将这些土壤进行封存，防止对水体和周边环境的污染，开始长期的自然修复。经过修复，具有生态净化功能的湿地也被重新设计，

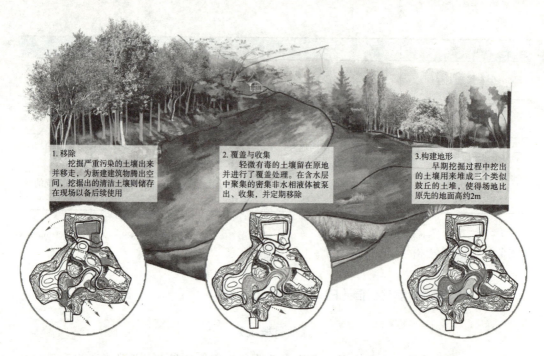

图 3-9　韦尔斯利学院土壤生态系统恢复（改绘自 https://www.asla.org/）

整个场地成为一个空间变化丰富的区域，土壤生态系统开始持续恢复的同时，生态功能和活力也开始逐渐回归（图3-9）。

3.2.5　多年生草本混合种植

种植多年生草本可以有效改善土壤质量，提升土壤碳汇能力。但是受到城镇化的影响，城乡生态环境中的多年生草本植物的多样性正在面临不断衰退的风险。

增加多年生草本植物群落会增加潜在的碳固存，因为增加的植物多样性会支持土壤中更多的生物多样性，改善土壤健康程度，让土壤群落具有更强的稳定性和可持续性，并降低管理维护需求，实现土壤碳汇的有效提升。

3.2.5.1　主要方法与策略

多年生草本植物混合种植形成的生态植被景观是一种生态草本植物群落，包含自然野花草甸、花境等多种形式。这种混合种植模式是一种近自然的种植形式，通过引入自然参与演替和种间竞争让多年生草本植物群落具有更强的稳定性和生态功能性，形成更加健康的生态系统，并进一步提升土壤质量，增强碳汇能力。

多年生草本植物混合种植强调构建一个复杂的自生草本群落系统，需要人工与自然的有机结合。种植模式的多样性是城市植物群落多样性的基础，不同模式的生态功能、面貌、建植方式、成本不同，可以根据场地需求做出选择，按照群落建植过程中人力与自然力的分工，可以将群落设计主要分为8种模式（表3-10）。

表3-10　多年生草本植物混合种植模式（李仓拴 等，2019）

模　式	主　要　方　式
自生群落—自生演替—不管理	设计和管理过程均由自然力完成，是城市自生植被，但公众对该模式接受度较低
自生群落—自生演替—人工管理	通过管理使得城市自生群落转变为具有审美优势的植被
自生群落—人工改良—不管理	应用生态学领域的牧草改良和生态修复方法改良自生植被
空白场地—自生演替—不管理	与自生群落—自生演替—不管理模式相似，但是场地需要人工清理
空白场地—自生演替—人工管理	与自生群落—自生演替—人工管理模式相似，但是场地需要人工清理
空白场地—人工试验筛选—低维护	通过试验筛选稳定性较高和抗杂草入侵的植物群落
空白场地—人工设计—人工管理	通过人工设计和管理创造弹性可持续群落
自生群落—人工改良—人工管理	通过在自生群落中增加园艺植物来提高群落的美学价值

3.2.5.2　案例分析

（1）苏格兰高地（Scotland）与南加州圣迭戈（San Diego）偏远地带的再野化

【项目概况】

为了恢复多样性的生态环境，提升区域的固碳能力，项目提出场地的再野化策略，在苏格兰高地和美国南加州圣迭戈偏远地带，通过恢复生物多样性，提升恢复力来应对气候变化。尽管两地具有极为不同的生境，但进行再野化的理念和目的具有相似性，形成了具有示范性的项目。

【策略应用】

项目严谨评估了场地的自然资产，找出土地的自然资产形式、数量和可采取的恢复手法。随后，建立生物种群之间的联系，并重新引入本地已消失的物种，开展再野化恢复。接下来，运用无人机、人工智能、机器人漫游车等技术对环境变化实施实时监控，为自然贡献赋予经济价值，包括检测实地碳捕捉量与生物多样性变化指标等，核定再野化的经济价值，为项目的可持续实施提供动力。

项目在实施期间，实地收集生态环境的再野化数据，运用自然资产的核算工具对生态环境开展监测，同时还将研发再野化的新技术方案，进行测试和推广。项目提供了一个植被恢复的数据收集、技术研发和价值评估一体化解决方案，将有助于实现生态环境的高效恢复和管理，并可以推广到其他项目之中。

（2）美国马里兰州格伦斯通博物馆（Glenstone Museum）公共环境

【项目概况】

该场地曾是一片乡村农业种植区域，通过原生草地和湿地景观的改造恢复，将博物馆建筑、艺术和自然融为一体，形成一条连贯的自然和文化体验空间。前来参观博物馆的游客将车停在指定区域的树荫下后，沿着设计师精心设计的路径参观整个户外环境，并不断激发感官体验。

【策略应用】

自然营造是项目最重要的特色，通过水体管理、近自然多年生草本群落再生和可持续维护等系统方法，重建了区域的自然环境。在项目建设期，设计师精心修复了场地的自然草甸环境，创造了起伏的地形，对区域雨水进行了系统收集，雨水径流逐渐流入生态湿地和蓄水池，实现了区域的低维护和管理（图3-10）。该项目已经成为一个有机、可持续的自然系统，发挥了积极的生态环境效益，包括改善土壤质量，提升土壤保水和固碳能力。

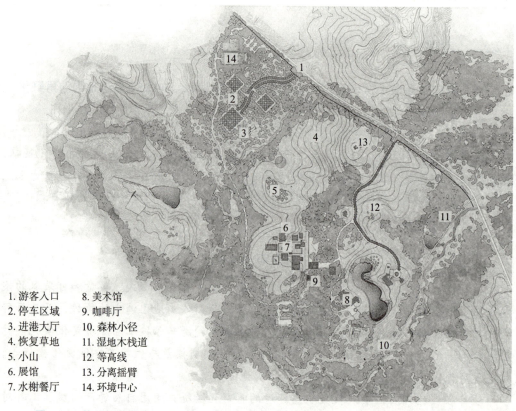

1. 游客入口　　8. 美术馆
2. 停车区域　　9. 咖啡厅
3. 进港大厅　　10. 森林小径
4. 恢复草地　　11. 湿地木栈道
5. 小山　　　　12. 等高线
6. 展馆　　　　13. 分离摇臂
7. 水榭餐厅　　14. 环境中心

图3-10　格伦斯通博物馆多年生草本植物系统恢复（改绘自 PWP Landscape Architecture）

3.2.6 提升地被等低矮植物比例

低矮植物的碳储能力一直被忽视，对传统植篱生态系统中的土壤和生物碳的定量研究目前也缺乏数据，以致低矮植物在实际项目中基于碳汇角度的应用考虑较少。

通过对地被、植物篱等种植土壤和生物量中碳储量进行综合评估，对于不同种类地被植物、低矮植物及其生存土壤碳储量进行测算，得到碳固存优势种，进一步增加地被植物、绿篱等低矮植物的种植比例，提升其种植土壤的综合碳汇能力。

3.2.6.1 主要方法与策略

选择地上和地下生物量较大的低矮植物。土壤有机碳储量增加的主要原因是地上凋落物碳和地下碳输入增加，特别是具有广泛根系的植物的深层土壤碳输入（Drexler et al.，2021）。所以，地上和地下部分生物量较大的低矮植物可以显著增加土壤碳汇。

将多种类的低矮植物混合种植。低矮植物等可以增加生态系统生物量，对生物多样性产生积极影响。通过低矮植物的混合种植可以改善生态系统健康能力，进而增强综合碳汇能力。

3.2.6.2 案例分析

美国达拉斯凯尔德沃伦公园（Klyde Warren Park）

【项目概况】

该项目修建在达拉斯市高速公路上方，这条公路曾经是分割城市中心区和郊区的一道屏障。公园建设将城区和北部社区重新连接起来，为城市居民提供了满足运动、草地休闲、遛狗、表演等综合使用功能的公共空间，推动了北部社区文化的发展。公园尤其注重利用植被净化空气、调节小气候，储存和再利用雨水，提升场地综合生态服务功能。

【策略应用】

该项目的种植设计与场地特征紧密结合，由于部分场地位于高速公路上，所以种植采用了大量低矮地被植物。通过大量的本土植物组合尤其是低矮的地被植物群落的构建，实现了场地栖息地和生物多样性的恢复，同时提升了公园的土壤碳含量和储水量。

3.2.7 增强岩石风化固碳

地质吸收过程是碳循环中较慢的一环，涉及岩石与大气中的气体发生化学反应，并在此过程中岩石可长期吸收二氧化碳。某些类型的物质如硅酸盐岩石，当溶解在雨水中时会与弱酸性二氧化碳发生催化反应，使岩石发生变化，二氧化碳嵌入矿物岩石分子结构，最终将其转变为碳酸盐矿物。这些二氧化碳可被封存数千年，不过该过程转化缓慢，固碳效率也相对较低（玛莎·施瓦茨、伊迪丝·卡茨，2020）。

通过使用橄榄石、菱锰矿等强反应硅酸盐岩石加速自然风化过程，也可以通过增加土壤腐殖质含量，在土壤中发生复杂的物理化学反应，提升土壤的碳固定能力。

3.2.7.1 主要方法与策略

增强硅酸盐岩风化碳汇效能。通过施加硅酸盐岩矿物，加快其化学风化速率，将大气二氧化碳直接移除并储存。这种材料目前正在研究中，在农田、热带地区或滨海项目中应用是未来探索的重点（玛莎·施瓦茨、伊迪丝·卡茨，2020）。

增加土壤中腐殖质的含量。土壤腐殖质的形成与积累是土壤发育的重要特征之一，而土壤腐殖质的来源则是通过植物的新陈代谢及枯枝落叶分解重新合成。土壤中腐殖质使土壤有机碳稳定性增加、周转周期延长而得以累积（朱明秋 等，2007）。

3.2.7.2 案例分析

维斯塔计划（Vesta Project）

【项目概况】

沿海增强风化是将地面上的橄榄石布置到海岸线上，与海水接触加速岩石自然化学风化，并伴随这个过程固定二氧化碳。该反应已经发生了数十亿年，是地球长期无机碳循环的基础。维塔斯计划正在研究当地的生态学、橄榄石风化率和次生矿物形成。但是，自然化学风化速率往往比较缓慢，无法平衡人类二氧化碳排放。计划正在研究通过现代技术加速这一自然过程，从而安全有效地扩大全球沿海碳捕集规模（玛莎·施瓦茨、伊迪丝·卡茨，2020）。

【策略应用】

在滨海生态环境修复的过程中，设计师可以运用该技术创造橄榄石绿沙海滩，形成独特的滨海环境。海浪可以加速二氧化碳的固定速度，在发挥碳汇功能的同时，促进海洋环境脱酸。

3.2.8 应用空气碳捕获装置

城乡生态环境作为一种重要的绿色固碳空间，除了发挥植物本身的固碳功能以外，还可以利用这些空间安装直接空气碳捕获装置（DAC），来弥补城乡空间的不足，提升固碳效率。

直接空气二氧化碳捕获装置可直接从大气中捕获二氧化碳，然后将其储存于地下。技术具有相对较小的土地和水使用足迹，不仅可以保证碳储存的持久性，还可以批量化去除二氧化碳。空气捕获的二氧化碳可以用作生产一系列需要碳源的产品原料，包括化学品、合成航空燃料等（IEA，2022）。

3.2.8.1 主要方法与策略

从空气中捕获二氧化碳的技术方法目前主要涵盖固体、液体直接空气碳捕获装置等类别（表3-11）。此外，许多研究机构目前正在开展研究，如美国亚利桑那州立大学的负碳排放中心正在制作"机械树"的原型，主要依靠风而不是风扇进行空气再循环等。

表3-11 固体DAC技术与液体DAC技术对比（IEA，2022）

类型	固体DAC技术	液体DAC技术
原理	利用固体吸附剂过滤器与二氧化碳发生化学结合	通过化学溶液，如氢氧化物溶液等，去除二氧化碳，同时将剩余气体返回环境
主要优点	①投资较低； ②可模块化； ③可只依靠低碳能源运行； ④成本降低的可能性高	①耗能更少； ②可大规模捕获； ③操作依赖于商业溶剂； ④采用现有商业化技术
主要挑战	①耗能较多； ②更换吸附剂需要人工维护	①投资较高； ②依靠天然气燃烧进行溶剂再生

注：DAC指直接空气碳捕获装置。

3.2.8.2 案例分析

冰岛气候工程（Climeworks）二氧化碳去除厂

【项目概况】

气候工程公司启动了世界上第一个同时也是最大的直接空气捕获和储存工厂（图3-11）。工厂设施运作时将空气吸进过滤器，过滤器中的材料与二氧化碳分子结合，将二氧化碳与水混合后泵入地下，与玄武岩发生反应，最终变成石头。该设施完全依靠无碳电力运行，电力主要来自附近的地热发电厂。

【策略应用】

项目具有极高的碳固定效率，具有在生态环境中建设的潜力。在装置的安装过程中，尤其注重与周边环境的融合，降低对环境的影响，同时采用无碳能源运转，保障碳封存效益的最大化。

图 3-11　冰岛大型二氧化碳去除厂与环境的融合（引自 https://climeworks.com/plant-orca）

3.3 水体碳汇提升

3.3.1 采用雨水降污增汇技术

水体对城市中碳储量的增加有不可替代的作用，是内陆水生态系统碳循环的一部分（翁许凤，2012）。保持水体清洁是实现水体碳汇的基本条件。但是，随着城镇化的不断发展，大量城乡区域雨水直接排放到环境中，其中大量污染物也会随径流进入城乡水体环境，导致水体富营养化，严重影响城乡水环境和水体的碳汇能力（张伟 等，2011）。

面对不同的场地类型和尺度，因地制宜地采用多种生态雨水管理措施，通过降水-径流模拟模型（storm water management model，SWMM）等工具进行计算，使场地在降水过程中的水文条件尽可能接近场地开发前的自然状态，防止雨水污染，提升水体碳汇能力。

3.3.1.1 主要方法与策略

基于低影响开发理念，遵循雨水控制、雨水阻滞、雨水滞留、雨水过滤、雨水渗透和雨水处理等模仿自然的雨水管理过程（张善峰 等，2012），采用包括自然渗透沟等在内的自然与工程相结合的雨水降污增汇技术方法。

根据应用场地类型，结合单体建筑、居住区、园区、城市道路、公共绿地和流域等不同空间采用不同的雨水降污增汇收集管理策略（表3-12）。

表3-12 雨水收集管理常用技术措施汇总（张伟 等，2011；张善峰 等，2012；王薇、程歆玥，2020；袁海英，2017）

类 型	策 略	主 要 内 容
单体建筑的雨水管理	绿色屋顶	对建筑屋顶的雨水进行截污、收集等，发挥综合生态效益
	建筑绿墙	结合建筑立面结构设置垂直绿化，发挥雨水截污和美化增汇等综合效益
	落水雨水收集	对建筑落水管的雨水进行直接截留收集
	建筑附属场地雨水管理设施	利用建筑周边场地设计雨水花园、雨水渗透池、雨水树池、雨水湿井、透水铺装等设施，实现对建筑雨水的收集利用
居住区、园区等的雨水管理	绿色停车场	结合停车场设置透水铺装、雨水花园、下凹式绿地等措施，对雨水进行管理
	生态景观水体	结合场地景观设置雨水收集和降污增汇设施，发挥综合服务效益
城市道路的雨水管理	透水铺装	增加道路空间透水材质比例，强化雨水利用和管理
	道路绿地雨水管理设施	结合道路附属绿地空间，设置雨水截留和降污增汇设施，发挥增汇和生态效益
公园绿地的雨水管理	公园边缘区雨水管理设施	应用雨水种植沟、雨水过滤带、雨水种植池、透水铺装等设施，关注公园周边和公园内建筑、道路等硬化区的雨水管理，降污增汇
	公园绿地水景	应用大型景观渗透水池、湿地等设施实现对公园内部雨水的管理

(续)

类型	策略	主要内容
流域的雨水管理	初期雨水截污系统	运用截污箱涵、雨水调蓄池、污水处理厂、人工湿地等技术，形成多层次的水域截污治污体系。
	滨水生态景观带	对硬化滨水堤岸进行改造，增加具有截污、净化和美观等多种功能的滨水生态景观带
	滨水生态公园绿化节点	沿滨水空间设置生态公园绿化节点，发挥雨水调节、滞留、水质改善、栖息地营建等综合生态功能
	自然保护区、大中型湿地	沿滨水空间设置大型雨水滞留区域，对较大范围内的雨水径流进行集中调蓄、净化和再利用

3.3.1.2　案例分析

（1）广东清远飞来峡水利试验基地生态污水处理系统

【项目概况】

该项目结合场地调查，采用降水-径流模拟模型计算和测试试验，从建设成本、维护成本、基质和植物净化性能等方面，对不同低影响开发（LID）技术组合的污水处理策略进行了定量分析和比较，最终确定了最适宜场地的"低成本，高效能"水环境解决方案（图3-12）。

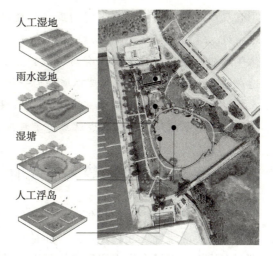

图 3-12　飞来峡水利试验基地生态污水处理系统
（广州怡境景观设计有限公司供图）

【策略应用】

在第一阶段，研究团队根据预选的4种低影响开发设施（人工湿地、雨水湿地、湿塘和人工浮岛），在降水-径流模拟模型平台中开展建模分析。模拟分析主要采用控制变量法对低影响开发的污水处理效率进行测试，并对每种低影响开发技术的建造和维护成本、功能效益和服务寿命进行综合叠加分析。

在第二阶段，结合模拟测试，将4种技术作为组合要素，列出9种组合方式进行详细分析，在降水—径流模拟模型平台中分别模拟径流控制率、总悬浮物和总磷含量的去除率，并叠加计算建造和维护成本，以确定实现"低成本，高效能"的最佳组合方式。

（2）新加坡裕廊湖畔花园（Jurong Lakeside Garden）

【项目概况】

该项目场地曾经是一片被红树林和淡水沼泽覆盖的湿地区域，为多种动植物提供

潮水湾节点水净化体系

生态净化群落

图 3-13　裕廊湖花园潮水湾水处理湿地系统

栖息环境。在城镇化建设过程中，这里先被建设成为工业园区，后来又被修建成为住宅区，之前的生物多样性已经不复存在。项目遵循生物友好型设计理念，关注自然湿地的恢复，强调整体自然环境和生物栖息地的保护，实现自然生态系统服务功能的逐渐恢复。

【策略应用】

项目重建了场地曾经最普遍的淡水湿地生态系统，兼顾了动植物栖息地恢复与人的使用需求，并强调生态系统综合服务功能的恢复。项目潮水湾节点是模拟潮汐的生态池，也成为儿童戏水的重要场地。潮水湾由五个相连的月牙形池塘组成，是一个自然的水处理湿地系统，通过循环生态净化后的雨水在地下经过紫外线处理之后进入戏水区供孩子们休闲游憩，生态净化群落不会对周边自然水体造成化学污染，也不会对孩子们的皮肤造成刺激，场地与周边的自然环境融为一体（Ramboll Studio Dreiseitl，2019）（图3-13）。人工湿地的营建既满足了人的使用需求，更为场地健康生态环境的营建创造了条件，为综合生态系统服务功能的发挥奠定了基础。

3.3.2　采用雨水花园等人工湿地

湿地具有较高的生态价值，湿地中的水体、植物、土壤底泥都会影响其碳储量和固碳能力（潘宝宝，2014）。雨水花园作为一种特殊的人工湿地类型，同样具有较强的碳封存能力。在城乡水生态环境修复中，需要进一步增加多种类型的雨水花园等湿地，扩大健康水生生物群落种植，强化湿地的减排增汇能力。

在城镇化过程中应加强湿地资源保护与利用，除自然湿地外，雨水花园也是提升城乡生态环境品质的一种有效途径。在雨水花园等湿地的营造中，应审慎地完成建造与维护的全过程，实现技术与艺术的统一，使湿地发挥蓄洪净化、调节气候、保护生物多样性、生态教育等综合功能（曾忠忠，2008）。同时，应谨慎选择雨水花园等湿地的修复场地和开展植物配植，并注意建设后的持续管理维护，妥善处理湿地中的水生杂草和池底淤泥，实现雨水花园碳汇效益的可持续提升。

3.3.2.1　主要方法与策略

雨水花园等湿地建造环节主要包含选址、土壤渗透性检测、结构及深度确定、面积确定、平面布局、植物的选择及配置等步骤方法（表3-13）。不同气候区域和土壤条件，雨水花园的种植植物具有较大差异，需要因地制宜选择本地植物。

表3-13 雨水花园建设步骤方法（王淑芬 等，2009；向璐璐 等，2008；王佳 等，2012）

步骤方法		内 容 要 点
建造	选 址	①避免雨水侵蚀建筑基础； ②位置不能选在靠近供水系统的地方或水井周边； ③不能选址于经常积水的低洼地，在地势较平坦的场地建造雨水花园较易而且维护简单； ④尽量让雨水花园处于阳面，不要将其建在大树等遮阴环境下
	土壤渗透性检测	①适合建造雨水花园的土壤主要是砂土和砂质壤土； ②对场地透水性测试主要是挖掘一个15cm深的小坑，注满水开展测试，如果24h水渗透完全，该场地适合建雨水花园；如果未渗透完全，表明土壤渗透性较差，需要进行局部客土处理
	确定结构及深度	典型雨水花园结构一般由5部分组成，主要包括蓄水层、覆盖层、种植土层、砂层以及砾石层
	确定面积	①面积主要与其有效容量、处理的雨水径流量及其渗透性有关； ②国内外确定雨水花园面积的方法主要包括基于达西定律的渗透法、蓄水层有效容积法和完全水量平衡法
	确定平面布局	平面布置形式较自由，主要结合场地空间进行布置，为使其充分发挥作用，需要严格遵循净化流程进行布置
	选择适宜植物	雨水花园植物选择有以下几点原则： ①优先选择乡土植物，慎用外来物种，确保各物种之间不存在相互负面影响； ②选择根系发达、净化能力强、耐水污染的植物； ③选择既能短期水淹又有一定耐旱能力的植物； ④尽量选择耐空气污染、土壤板结等不良城市环境的植物； ⑤强调不同物种搭配选择（一般3种及以上），提高雨水花园的景观性、生物多样性、稳定性和功能性； ⑥尽量选择多年生植物及常绿植物，以减少养护成本； ⑦在植物的生长环境方面，根据雨水花园中种植区不同的水淹情况，可将雨水花园种植区分为蓄水区、缓冲区、边缘区。 a. 边缘区主要选用一般较耐旱的植物，与雨水花园周边植物景观进行衔接； b. 缓冲区对植物的耐淹特性有一定的要求，同时要求植物有一定的耐旱能力和抗雨水冲刷的能力； c. 蓄水区对植物耐淹能力和抗污染能力、净化能力要求最高，也要求有一定的耐旱能力
维 护		①暴雨后及时更换受损的雨水花园覆盖层材料和植被； ②定期清理雨水花园表层的沉积物； ③定期清除杂草，并对生长过快的植物进行适当修剪； ④根据植物生长状况及降水情况，适当对植物进行养护

3.3.2.2 案例分析

（1）美国宾夕法尼亚大学休梅克绿地（Shoemaker Green）

【项目概况】

该项目是宾夕法尼亚大学的重要公共节点，由中央半圆形草坪和一个大型雨水花园组成，为可持续校园设计树立了标杆。通过对宾夕法尼亚大学传统景观材料及设计方法的延续，将绿地自然地融入原有校园环境系统中，并通过雨水花园的建设实现对场地生态功能的提升。

【策略应用】

项目源于一种系统化的人工－生态整合思路，将自然生态系统（土壤、植物、昆虫、鸟类和人类）与人工营造的系统（建筑构件和基础设施）整合成为一个综合性的多功能空间（图3-14）。

项目的一个主要生态功能空间是雨水花园。雨水花园从场地及相邻建筑中收集雨水和中水等，实现对大量雨水和中水的处理、过滤和储存，并用于灌溉。这些雨水和建筑中水经过雨水花园的土壤层时被有效过滤，并被输送到大型蓄水池中进行储存，用于循环再利用。这一综合性的景观系统收集了整个场地绝大部分雨水，并创造了一个具备综合生态功能的校园生态环境。

水景营造

雨水花园中的多种当地植被

人造排水系统与自然系统的结合

校园绿地休闲空间

图 3-14　休梅克绿地雨水花园系统

(2)雄安雨水街坊

【项目概况】

该项目采用低投入、低维护、低影响的技术策略,目标是实现场地雨水的综合管理和降污增汇。项目强调人性化的自然体验和互动参与,尊重场地自身文化和地域特征,将景观和雨洪管理技术相结合,实现场地价值从传统的单一商业价值拓展为多维综合生态价值的复合。

【策略应用】

项目是适宜1万~10万m^2级别的社区、园区和街区等具有生态和文化需求的雨水综合管理设施,主要包含复合雨水花园、下沉式花园、花境阳台实验场、色彩台地花园等空间,通过空间组合实现对场地的雨水综合管理、利用和降污增汇(图3-15)。

低水耗绿地　　　　　　　　　渗滤台地

透水铺装　　　　　　　　　雨水花园溢流点

图3-15　雄安雨水街坊核心空间雨水管理系统(阿普贝思景观设计供图)

3.3.3 恢复水岸生态系统

水生态系统健康直接影响水体的碳汇能力,包括气候情况和水矿物质等多个方面都会影响水生态系统的健康程度,进而对城市水体的碳汇效率产生影响。

水陆交错的岸线承载了复杂的动态变化功能,是提升水环境健康,增强水体碳汇的重要功能区域。

3.3.3.1 主要方法与策略

健康的滨水岸线可以保证岸线生态系统的可持续发展,并发挥固碳等综合功能。通过优化岸线形态,保证水体流动性和提升水体置换率等措施,改善水环境的水质状况。尽可能多构建自然岸线,提升滨水生态系统中土壤、植物、基质和生物等多样性,强化滨水岸线生态功能。

3.3.3.2 案例分析

(1)美国纽约猎人角南滨水公园(Hunters Point Waterfront Park)

【项目概况】

该项目是城市区域与生态环境共建的复杂开发项目,将一个曾经受污染的铁路站点改成了充满社区生活和栖息地活力的滨水岸线,成为城市滨水区社会、文化和生态弹性重建的典范。

【策略应用】

项目注重对滨水岸线重建,以"软"的方式提升区域包括弹性防洪、水质净化、固碳等综合功能。沿着岸线构建了一个绿色湿地"堤坝",并恢复了一片巨大的水下栖息地,形成一个新的潮汐栖息地沼泽(图3-16)。这片沼泽成为重要的碳汇区域,同时保护了内部巨大的滨水生态环境,为区域固碳等生态功能提升奠定了基础。

图3-16 美国纽约猎人角南滨水公园潮汐栖息地沼泽系统

（2）上海嘉定中央公园

【项目概况】

嘉定新城是上海市郊一个多功能混合使用的高密度区域，其中嘉定中央公园为新城提供了重要的绿色基础设施服务功能。项目作为重要的新区开放空间，正在成为促进区域发展的催化剂，减缓了新区热岛效应，发挥了显著的固碳能力。

【策略应用】

项目依托一条长约3km的运河建设。运河已经成为公园的生态骨架，通过沿线湿地的恢复，改善公园水质，恢复栖息地，并带动区域生态系统可持续发展（图3-17）。运河和沿线湿地对区域雨水进行了过滤和储存，在节约水资源的同时，也为区域生态系统的重建奠定了基础。这些被修复和重建的大面积滨水湿地极大改善了空气质量和小气候环境，增加了生物多样性，同时成为城市碳汇的重要湿地空间资源。

图3-17　上海嘉定中央公园水生岸线系统重建（孔涵闻 摄）

小　结

提升自然要素碳汇能力是城乡生态环境可持续发展的重要目标，其核心在于通过光合作用等自然生物过程，有效吸收并固定大气中的二氧化碳。这一过程主要涉及植物碳汇、土壤碳汇和水体碳汇三种类型。

在植物碳汇方面，重点增加绿色空间的自然固碳能力，主要采用种植碳汇较高且维护成本较低的乡土植物、处于碳汇能力较强生长阶段的植物等六种技术措施。土壤碳汇是城乡生态环境碳汇的重要组成部分，但是常常被忽视。提高土壤碳汇能力需要从增加有机物输入和降低土壤碳分解两方面入手，可以采用在土壤中添加生物炭、城市废弃物和植物废弃物堆肥等8种主要技术措施。水体碳汇的提升则主要依赖于保持水体清洁和健康水生境的营造，主要采用雨水降污增汇技术、恢复雨水花园人工湿地、水岸生态系统恢复3种主要技术措施。

思考题

1. 如何通过植物群落构建来增强植物碳汇能力？
2. 提高土壤碳汇能力的主要策略有哪些？
3. 水体碳汇能力受到哪些因素的影响，如何提升？
4. 如何平衡自然要素的碳汇效益与养护成本？
5. 如何评估城乡生态环境碳汇能力的长期稳定性？

拓展阅读

1. 城市立体绿化技术. 付军. 化学工业出版社，2011.
2. 《海绵城市建设技术指南——低影响开发雨水系统构建（试行）》. 中华人民共和国住房和城乡建设部.
3. 中国陆地生态系统的增汇技术途径及其潜力分析. 于贵瑞，赵新全，刘国华. 科学出版社，2018.
4. 中国森林生态系统碳储量——动态及机制. 王万同，唐旭利，黄政等. 科学出版社，2018.
5. 中国灌丛生态系统碳收支研究. 谢宗强，唐志尧，刘庆，徐文婷等. 科学出版社，2019.
6. 中国常见灌木生物量模型手册. 谢宗强，王杨，唐志尧等. 科学出版社，2018.
7. 陆地生态系统碳过程室内研究方法与技术. 胡水金，刘玲莉等. 科学出版社，2022.

第4章 间接减排放途径

城乡生态环境除了可以发挥直接的减排和碳汇功能以外，还可以发挥一系列间接减排的功能，后者的效益巨大，但是往往被忽视。这包括通过良好的环境建设，增强居民户外活动的吸引力，鼓励绿色环保的生活方式，同时发挥低碳科普效益，使居民成为社会绿色发展的重要推动力量。

4.1 城乡小气候调节

4.1.1 小微绿地调节功能优化

小微绿地是城乡重要的绿色空间，建造难度相对较低，在服务周边居民方面具有重要优势，可以吸尘减噪、保温隔热、节约能源，达到间接降低碳排放的目标。

小微绿地具有规模小、场地灵活的特点，能够利用城乡空间未充分利用的空地。小微绿地类型多样，涵盖口袋公园、袖珍公园、街角绿地、街心花园等多种类型，可以容纳居民的各类活动，逐渐成为城乡户外游憩空间拓展的主体（贺坤 等，2023）。通过增加户外遮阴设施等改善小气候环境，完善小微绿地服务功能，可以促进居民户外活动，降低建筑室内碳排放等。

4.1.1.1 主要方法与策略

小微绿地作为城市小气候调节的重要方案，能够有效改善局部小气候环境，增强公共空间对居民的亲和力，通过构建舒适的空间，能够激励居民更多地参与户外活动，从而间接助力城市的减排行动（表4-1）。

表4-1 小微绿地优化和小气候功能提升手段

策略		主要内容
小微绿地挖掘	微观	①选址应该位于社区中心和重要慢行、公共交通设施附近，便于居民慢行到达； ②尽可能增加绿化、水景和遮阴设施等条件，为居民提供清新、湿润的空气和遮阴，增加对居民的吸引力
	宏观	①从整体上看，应保证绿地与城市空间的融合，利用城市空隙、边角地、废弃地等进行见缝插绿； ②考虑绿地与相邻建筑的关系，通过景观缓冲、视觉渗透等方式增强绿地与城市空间的联系； ③利用景观轴线、视线走廊等手法，加强绿地之间的连通性，将小微绿地转化为连接城乡绿色网络的重要组成部分，提高功能使用效率
改善小气候		通过合理规划和建设小微绿地，结合不同植物种类和微地形的设计，运用水景和廊架遮阴设施等，可以显著改善城市的小气候，创造更适宜居住的城市环境。这些绿地应与周边建筑和公共空间紧密结合，确保其小气候效益能够最大化地惠及城市居民
增加便利性		①设置考虑可达性等因素，与宜人的慢行交通体系建立便捷联系，这将进一步推动居民采用绿色出行方式，从而有助于降低城市交通领域的碳排放总量； ②要考虑铺装材质等使用，增加空间功能的便利性，吸引更多居民使用

4.1.1.2 案例分析

上海苏州河普陀公园驿站

【项目概况】

该项目是苏州河沿线的市民服务驿站。过去这里少有人停留，为了盘活城市公共空间资源，通过驿站将苏州河滨河绿道与普陀公园相串联，同时提升场地环境品质，增加功能设施，为场地赋予更多功能活力。

【策略应用】

驿站沿线设置了非机动车停车位，方便市民非机动车出行时在此处停留。同时，在临城市道路界面，设置了一个连续开放的水平檐廊，既提升了场地的可识别性，同时为市民出游时的休憩纳凉提供了良好的场所和多样服务功能，促进了场地活力的提升（图4-1）。

4.1.2 开展空间挖潜绿化提升

随着城镇化的不断发展，当下大量的自然土地被用于建设住宅、商业、工业、交通等功能空间，城乡绿色空间也被严重挤压，其所承载的小气候调节等生态系统服务功能也受到影响。

合理规划绿地系统，挖掘城市潜在可用于绿化建设的空间，确保一定比例的土地用作公共绿地。同时，重点完善绿地结构，建立生态廊道，连接各个城市绿化空间，

图 4-1　上海苏州河普陀公园驿站微绿地遮阴系统（孔涵闻　摄）

形成连续的绿色网络，承载慢行等多种服务功能，提供舒适的户外环境，吸引和鼓励居民开展户外活动。

4.1.2.1　主要方法与策略

在城乡建成环境中，增加绿色空间具有较大难度，需要采用多种创造性策略对城乡空间进行挖潜，完善空间功能结构，实现绿地提质增量和功能效率提升（表4-2）。

表4-2　绿地布局优化和空间挖潜策略（Singapore Greenplan，2021）

策　略	主　要　内　容
增加绿色空间	①结合道路增加街道绿化、附属花园等种植更多的街道树木； ②在公园中种植更多树木，提升公园的绿地比例，平衡绿化和公共使用空间，减少裸露硬化地面； ③在居住区增加绿色空间，挖掘潜在绿化空间，通过立体绿化等方式提升绿化覆盖； ④挖掘基础设施潜在绿化空间，通过创造性手段增加城市绿化覆盖率； ⑤鼓励城市生产空间和绿色空间的融合，形成生产性的多功能绿色空间
采用创新技术	①运用现代数字技术开展绿色空间数据分析和潜在绿化空间资源挖掘； ②结合城市更新，鼓励新的商业模式和路径，引导全社会参与绿化提升； ③通过可移动种植池、喷雾器减少城市热量，提升绿色空间灵活度； ④采用灵活战术策略，通过临时公园和绿地增加城市绿色空间； ⑤通过技术改进蓝绿资产管理，提升绿色空间功能效率
实现布局公平	①结合城市绿化布局数据，合理决策绿化布局优化方向，强调布局的公平性； ②定期评估和更新数据，确保了解最新的现状条件和循证研究数据，为绿化决策提供依据； ③引入多元利益方的公共参与，帮助利益相关者参与并提供公平合理的绿化布局

(续)

策略	主要内容
适应气候变化	①研究评估绿色植物种类，种植适当的植物以适应不断变化的环境条件； ②研究绿色空间气候适应性规划设计理论和方法，提升弹性和适应能力； ③开展气候适应性和安全韧性的绿色空间布局研究，引导绿色空间规划设计； ④通过全面的社会参与，实现多利益方参与的气候适应性可持续规划设计和管理
开展绿色评估	①确定最需要绿地的社区，优先安排实施项目，以提升绿化健康效益； ②绘制这些空间的地图，确定需要改善以提供安静空间的城市区域，并与社区分享该地图，以方便居民进入； ③分析当前各种绿地功能因素得分，查找绿色空间功能短板； ④为城市制定适当的绿化因子评价分数线和规划控制措施，帮助城市实现绿化和林荫覆盖目标，提升居民服务功能

4.1.2.2 案例分析

加拿大温哥华VanPlay公园和休闲用地愿景计划

【项目概况】

该项目是温哥华城市休闲绿地网络布局的百年完善计划，重点强调绿色空间资源挖掘和公平性提升。计划用于满足绿色空间对社会每个人和特定群体的公共使用要求，通过3万多次的社区对话，确定了需要优先干预的区域，据此实现绿色空间资源分配效率和公平性的持续提升。基于公平性的提升目标，该计划还同时纳入了公园绿地应对气候变化的考虑，重点强调了现有绿色空间资源之间的连接性和功能效率提升。

【策略应用】

该计划为了促进公园绿地的公平性和连通性提升，主要包括3个重点行动计划和工具（图4-2）。发展重点地区地图工具：通过多层次的分析，明确了城市中绿色空间资源短缺需要优先考虑的区域，为可持续的规划、项目实施和功能完善提供了指引。公园和休闲资产发展目标工具结合人口增长、管理能力和资源限制等因素，重点明确了公园绿地的空间数量、质量、功能承载力分布。区域公园和休闲用地网络工具构建了一个长达100年的持续绿色空间发展路径，将社区中心、步道系统和大型公园等公共空

图 4-2 温哥华 VanPlay 公园和休闲用地愿景计划（改绘自 https://www.asla.org/）

间和滨海用地连接起来,扩大绿色空间网络的服务能力,并针对气候变化提出生态系统的保护和适应性策略。

4.1.3 运用水景小气候调节设施

城乡建筑、居民生产生活所产生的温室气体排放对城市小气候环境造成影响,造成城乡区域的热岛效应,严重影响城乡户外空间的环境舒适度,降低居民的户外活动频率。水景具有调节户外小气候的能力,需要进一步强化这种调节功能。

在城乡环境中增加水景设施,除了强化景观效果以外,还能改善城乡小气候,发挥降温增湿能力,营造更加适宜户外活动的城乡小气候环境,吸引市民外出活动,减少室内能耗碳排放。

4.1.3.1 主要方法与策略

为了发挥水景的低碳改善功能(表4-3),可以利用多种类型的水景装置(表4-4),实现低碳目标。

表4-3 基于低碳理念的水景策略(刘珂秀 等,2020;赵婷,2013)

策　略	主　要　内　容
基于自然环境条件选址	充分考虑城乡生态环境现状进行水景装置选址,强调结合天然水体和低洼区域布置水景
采用分散式的水景布局	相比集中式布置,在城乡区域营造分散式水景,可能带来更好的局部降温效果,覆盖更大的服务范围
增加多类型水景装置	结合现状条件,充分设置多种类型的水景装置改善场地小气候,提高热舒适性
采用节水型水景设施	优化水景设施水源收集系统建设,从低碳理念出发,收集雨水、获取再生水等用于水景设施运作,降低水景能源消耗,实现效益最大化
强化水景装置的互动性	增强水景的趣味性和互动性,吸引更多的人参加户外活动

表4-4 水景装置的主要类型、影响和建设策略(刘珂秀 等,2020;韩羽佳 等,2020;Global Heat Health Information Network,2017;王明月,2013)

类　型	影　响	策　略
人工静水水体(人工池塘、人工湖、镜面水池等)	①大量水能吸收太阳辐射热能,并通过蒸发消耗能量,避免环境小气候的剧烈变化; ②优美的水体环境会对居民产生显著吸引力	①水面面积要适宜,实现气候调节效率和经济性的平衡; ②基于场地地形选址,在地势低洼等区域设置水体,利用场地自然环境收集水源,促进水体流动; ③人工池塘和湖泊等尽可能采用自然的驳岸形式,种植水生植物,提升生态稳定性和气候调节效能
喷　泉	①喷泉可以湿润地表,防止地面过热,并增加空气湿度; ②喷泉具有很好的互动性、活力和吸引力	①结合风环境确定喷泉位置,当喷泉位于主风向方位,可能产生更好的气候调节效果; ②能源消耗较大,考虑经济型和节能减排

（续）

类型	影响	策略
景观雾	①直接增加局部空气的湿度，降低人体皮肤表面的温度来提高热舒适性； ②局部气候调节能力好，可以提供更舒适的体感，产生吸引力	①注意水体卫生，避免对人体健康产生影响； ②局部气候调节效果好，注意使用范围的控制
落水（瀑布、跌水、水幕等）	①落水飞溅的水花能够增加空气湿度，发挥降尘作用，携带空气中的大量氧气汇入水流； ②声音和视觉震撼，产生吸引力	①注重结合自然地形布置落水； ②根据人们户外活动的高峰时间段，定时开启水景设施，保证设施不对周边环境造成长时间的增湿影响，同时能在炎热时间段增湿降温； ③能源消耗较大，考虑经济型和节能减排

4.1.3.2 案例分析

成都分水公园

【项目概况】

该项目位于成都麓湖生态城内核心区域，在800m长的水渠中串联了12个主要水景节点，包含几十种不同的水互动方式，隐藏了数百组不同规格类型的感应装置和喷头，将复杂的水景系统与错综复杂的景观构造相结合，成为城乡建成环境具有重要吸引力的户外空间场所（图4-3）。

【策略应用】

项目综合处理了水的工程、娱乐和生态属性，借鉴鱼嘴口、飞沙堰以及宝瓶口等堤堰关卡设计，利用高差将数十条不同质感的水渠进行串联，创造深浅流速不同的水

图 4-3 成都分水公园水景活力空间（滕慧佳 摄）

流环境，串联了包括湍流、雾森林和飞瀑等多种形态的水景。丰富的水景设施为周边场地降温增湿，形成了一处在夏日里清凉舒适的区域，整个水景丰富的互动体验产生了巨大的使用吸引力，形成了夏季最具活力的舒适公共环境，吸引了众多居民前来休闲游玩，将其变为了具有重要吸引力的成都市大众共享的消暑休闲场所。

4.2 绿色低碳城市构建

4.2.1 建设城绿融合的紧凑城市

伴随中国城镇化，部分城市由于无序扩张、城乡生态环境丧失或结构不合理，造成能源的过度消耗，碳排放增加，城乡生态系统服务功能衰退，严重影响了城乡的可持续发展。

紧凑城市作为一种城市空间发展战略，对于实现城市的可持续发展和低碳转型具有重要意义（赵华，2020）。紧凑城市建设重点关注交通通行距离、土地使用效率及自然碳汇空间科学合理配置等内容，从宏观层面优化调控城市空间结构，同时实现降低城市碳排放和增强城乡生态环境碳汇能力，以推进城市的低碳可持续发展（戴星翼、陈红敏，2010）。

4.2.1.1 主要方法和策略

通过科学调控城市规模、形态、功能布局，建立以土地集约高效利用为导向的城市空间开发利用格局，引导城市集约紧凑发展（徐可西 等，2024）。同时，重点优化城乡生态环境格局，实现绿地与城市用地的平衡发展和紧密结合，提升支撑慢行交通、改善城市气候和发挥碳汇功能等综合生态系统服务功能（表4-5）。

表4-5 紧凑城市城乡生态环境系统建设策略（张任菲 等，2021）

策略	主要内容
强化连接，完善绿道体系，引导绿色出行	①充分利用城市多类型线性空间，将可利用的绿地资源相互串联，完善城乡生态环境网络，依托网络完善城乡绿道系统，引导居民绿色出行； ②分类设置休闲、游憩、生态等多类型绿道，将社区与城市中心、商业、公共服务等重要的功能节点连接起来，形成便捷通勤系统，增加绿道慢行出行吸引力
突出重点，打造核心通风廊道，缓解城市热岛效应	①在城乡生态环境建设中，重点关注河道、水渠、铁路、道路等线性空间附属绿地和线性公园等建设，强化线性生态环境作为通风廊道的生态功能； ②充分考虑其与城市外围河湖水系、山体森林、农田等绿地空间的结合，保持风道走向与城市主风向一致，构建有利于气体交换与污染物扩散的空气流动通道和"冷桥系统"
挖掘潜力，调整绿地配置，提升碳汇能力	①充分考虑绿地的相对位置、聚散程度，通过形态调整等手段，使存量绿地的生态效益得到更好发挥，并尽可能挖掘城市潜在绿化空间，增加城市绿量； ②构建乔、灌、草、地被相结合的乡土复合式群落配置模式，注重不同植物碳汇能力的优势互补，通过调整植物配置和植物种类来进一步提升碳汇能力和生态功能

4.2.1.2 案例分析

（1）美国纽约凉爽社区计划（Cool Neighborhoods）

【项目概况】

该计划于2017年启动，是纽约重要的城市高温适应计划，重点增强城市特别是脆弱社区抵御极端高温的能力。该计划作为政府的重大承诺，在市长办公室的领导下通过多个城市部门和外部合作伙伴的协作来推进，用于增加城市遮阴空间的树冠覆盖，为社区合作伙伴开展气候风险培训，扩大凉爽屋顶以及其他绿色建筑空间规模等。

【策略应用】

该计划结合纽约城市特点，通过对街道进行针对性植树、实施冷却屋顶等措施，实现社区降温，提升社区气候变化应对能力（表4-6）。

表4-6 纽约凉爽社区计划（Mayor Bill，2017）

策略	主要内容
对街道进行针对性植树	增加城市的街道树冠，缓解住宅区的热岛压力，并通过创建额外的绿色走廊来支持城市的生物多样性。纽约市将继续与当地组织和社区合作，支持强化树木管理计划，并在社区参与中赋予志愿者权力
实施冷却屋顶	绿色屋顶或植被覆盖的屋顶表面在许多方面使业主受益。虽然前期安装成本很高，但绿色屋顶可以在温暖的季节保护屋顶和建筑设备免受过度的阳光照射，并在凉爽的季节增加保温，从而降低能源消耗和维护成本
利用凉爽路面缓解城市热岛效应	由于反照率高（超过0.29），浅色路面能比深色路面反射更多的太阳辐射。运用该技术实施的混凝土路面的反照率约为0.35
社区公共空间建设降温中心	纽约市每年都会运营数百个降温中心，为饱受酷热困扰的居民提供凉爽的空间。这些空间包含社区中心和水景户外公共空间等。市长办公室和纽约市应急管理部门开展合作，持续完善降温中心的标识系统，为社区居民便捷地进入这些区域提供方向指引

（2）上海徐汇跑道公园

【项目概况】

该项目是利用废弃机场建设城市绿地空间的更新工程。场地曾经是上海的一个民用机场，内部有一条20世纪50年代修建的机场跑道，长约1.8km，宽度约80m，通过将跑道改造成为公共空间，实现了在上海城市建成区中挖掘空间潜力完善绿地布局，推动周边城市区域紧凑再生发展的目标（图4-4）。

【策略应用】

项目中的机场跑道被改造成为公共街道与线性公园，在满足区域慢行交通功能的

| 跑道与自行车道 | 跑道游乐场 |

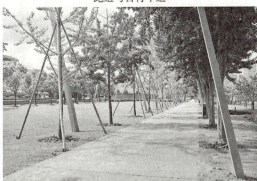 

| 林荫跑道 | 绿地中的步道 |

图 4-4　基于机场跑道更新建设的徐汇跑道公园（孔涵闻 摄）

同时，也为附近社区提供了舒适的户外休闲空间，成为一条提供现代生活服务的城市公共空间廊道。项目从一开始就注重实现与周边城市区域的融合发展，既促进了周边城市区域的再发展，也在周围高密度的再开发项目中间创造了宝贵的绿地空间，发挥了改善慢行交通、提供生态服务、改善周边气候条件等综合功能。

4.2.2　构建连通便捷的生态网络

城乡生态环境生态系统服务功能的有效发挥，需要建立在一个健康的系统结构基础之上，通过强化不同绿地的空间布局和连接关系，形成便捷和多功能的空间网络，满足城市的多功能服务需求。

加强城乡生态环境网络的建设，重点寻找生态绿网缺乏区和断裂点，充分挖掘城市潜在绿地空间，依托道路、河道等线性绿色潜力空间和绿道，强化绿地空间的连接，增加城乡生态网络的系统性（Cui et al.，2020），促进低碳城市建设。

4.2.2.1　主要方法与策略

需要合理安排不同绿地的布局和连接关系，与周边城市区域建立更好的连通性，提供便捷高效的服务功能，从而发挥更显著的碳汇效益（表4-7）。

表4-7 城乡生态环境网络的均衡布局策略（王敏、石乔莎，2016）

策　略	主　要　内　容
绿色生态网络的连通耦合	①合理布局绿色生态网络，强化绿色空间格局的均衡性； ②依托基础设施廊道（河流、水渠、道路）等线形潜力空间，增强生态环境网络的连通； ③连接城市内外多种类型的绿色生态斑块和廊道，形成整体的绿色空间网络体系
绿色生态空间的垂直延展	①应在三维空间维度上延展绿色生态空间，结合本地条件推动屋顶绿化、墙面绿化等立体绿化的发展，增大绿化三维体积； ②不断推广如护坡绿化、棚架绿化、阳台绿化等多样立体绿化，规范地下空间开发使用和管网设置，确保有限的城乡绿化用地具有良好的生境种植条件
生态服务功能的精明导控	强化城乡生态环境的生态服务功能发挥，平衡游憩与生态保育空间，结合规划优化不同城乡生态环境的优势功能布局，尽可能让更大比例的城乡生态环境发挥更高效的碳汇功能

4.2.2.2　案例分析

（1）美国芝加哥606高架公园（606 Elevated Park）

【项目概况】

该项目是利用城市废弃高架铁路修建的线性绿色空间，长度约4.5km。这条已经停用的高架铁路被改造为城市绿化空间，满足步行、跑步和自行车等多种慢行使用功能。项目与周边的一系列公园、广场和社区连接起来，完善了城市绿地空间布局，将废弃铁路成功转变为一处舒适可持续、充满活力的城市绿色公共空间（图4-5）。

图 4-5　芝加哥 606 高架公园系统

【策略应用】

随着城市更新的持续推进，全球越来越多的城市正在尝试将停用的城市铁路重新开发为线性公园绿地，完善城市绿色空间布局。设计师结合高架铁路结构和空间特征，种植多样化的本地植物，形成丰富的小气候条件，提升了生态改善效益。项目强调连接性，通过具有亲切感的服务设施满足周边居民的使用需求，连贯的慢行线路将社区重新连接，舒适的环境吸引居民来此开展休闲运动，重建了废弃铁路与周边的联系，激活了废弃城市空间。

（2）美国西雅图奥林匹克雕塑公园（Seattle Olympic Sculpture Park）

【项目概况】

该项目位于西雅图滨水区，曾经是一处被火车道和城市主干道分割的工业棕地，包含三块未利用的城市废弃地。为了激活整个区域，项目利用一条"Z"字形绿色平台跨越了铁路和公路，将城市与滨水区重新联系起来，通过公共空间营造和生态修复使这里成为西雅图城市环境再生的典范（图4-6）。

图 4-6　连接城市核心区与海滨的西雅图奥林匹克雕塑公园

【策略应用】

项目实现了对基础设施废弃空间的挖潜，通过构建一个复合的生态廊道，将一个被基础设施分割、居民无法进入的工业棕地进行了激活，重建了区域的生态网络。项目设计了一个"Z"字形混合坡道，创造了巨大的高差和丰富的坡度变化，这个富有创意的动态连接恢复了曾经被阻断的公共流动性，对城市废弃空间进行了修复和再利用，将滨海生态空间、铁路绿色廊道和社区空间重新连接起来。

4.2.3　构建鼓励慢行的绿道系统

促进交通减排是城市实现低碳发展的重点领域（王敏、宋昊洋，2022）。随着城镇化的不断发展，越来越多的城市居民选择机动车出行，引导居民开展慢行出行存在一定的困难。

绿道是承载城市慢行出行的重要线性生态空间。通过规划高品质的绿道空间，与公共交通等出行方式做好衔接，建立与社区和重要公共节点的便捷联系，引导居民更多地利用绿道开展步行和自行车等慢行绿色出行，从而减少私家机动车出行，降低城市交通碳排放。

4.2.3.1 主要方法与策略

绿道可以作为步行、自行车等城市慢行出行的重要载体，通过与城市居住区、道路和公共交通等系统的有效衔接，为居民提供更加便捷和舒适的慢行出行体验（表4-8）。

表4-8 强化绿道与城市系统的有效衔接（Climate Positive Design，2023）

类型	策略	主要内容
居住社区	紧凑、混合居住区设计	强化混合功能社区建设，可以从社区的任何地方通过步行或骑自行车等慢行出行方式15~20分钟轻松到达社区服务中心，并提供承载慢行出行的绿道
	TOD社区设计	推动以公共交通为中心的社区发展模式，居民可以便捷地通往公共交通中心，在社区与公共交通中心间建立社区绿道系统
道路网络	完整和共享街道设计	绿道与街道设计相结合，平衡多方面的通行需求，为慢行出行提供安全、舒适的空间，包括宽阔的人行道，配有树木和服务设施的人行道、自行车道、休闲区和停车设施等
	绿道公共基础设施设计	提供更加舒适的绿道设施，如休息场所、洗手间、安全设施、停车设施和为慢行提供安全照明等
	无障碍绿道设计	为慢行提供更加安全舒适的无障碍体验，才能更好地鼓励居民开展慢行通行。重点探索绿道无障碍设计的方法，如缩短人行横道、修建人行天桥、提升慢行优先权和种植庭荫树等
公共交通	绿道与公共交通接驳设计	连接到多模式交通网络，公共交通站点位于适当的距离，优先考虑与绿道的接驳，解决公共交通出行"最后一公里"问题

4.2.3.2 案例分析

西班牙巴塞罗那绿道公共空间再生计划

【项目概况】

巴塞罗那自20世纪80年代开始城市更新运动，为了解决由于城市扩张而不断增加的快速交通需求和由此产生的公共活力衰退之间的矛盾，结合自身条件，采用整合小型公共空间与交通基础设施、重塑以步行为主的城市街道公共空间轴线、创造公共空间复合型的多层次城市快速路系统和依托城市铁路更新构建生态廊道等措施，以景观基础设施作为城市更新的媒介，成为实现城市魅力再生的代表性案例（李愫、徐析，2015）（图4-7）。

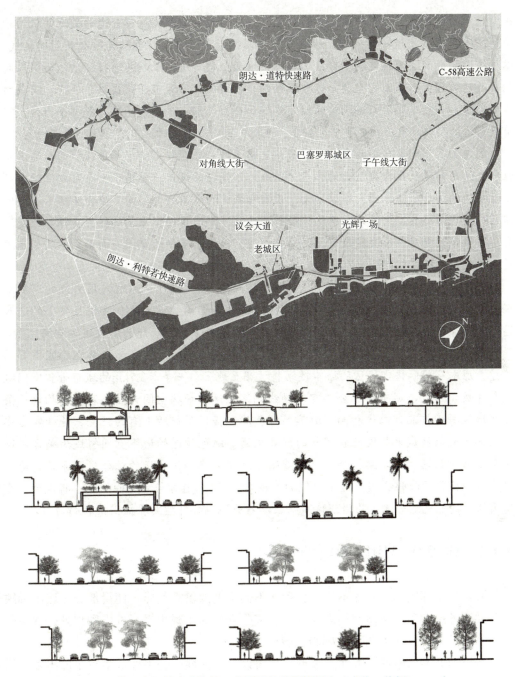

图 4-7　基于交通基础设施的巴塞罗那绿道网络再生（李惊、徐析，2015）

【策略应用】

整合小型公共空间与交通基础设施。小型公共空间再生计划是巴塞罗那城市更新运动的起点。该计划又称"城市针灸疗法"，主要是在顺应现有城市肌理的基础上，使用有限的资金在短期内改造大量小尺度公共空间，从而迅速缓解主城区公共空间不足的问题，恢复区域公共活力，增强民众信心，并为后续项目开展奠定基础。

重塑以步行为主的城市街道公共空间轴线。在城市更新的背景下，巴塞罗那开始优先考虑人的使用体验，梳理城市步行街道系统，有目的地缩减一部分道路的地面机动车交通交流，重新塑造一系列满足现代城市需求同时融合传统特色的街道公共空间轴线。这些街道的地面空间被重新划分，通过缩减地面机动车道，限制其通行速度，为引入新的公共功能预留出更大的空间。这些线性的公共空间带为城市居民提供了便捷、安全的步行通道，并且串联了街道周边的城市广场和公园，形成了一条能够凝聚整个街区，富有吸引力的公共廊道，构成了一个安全、便捷，可以开展多种城市活动的公共活力网络。

创造公共空间复合型的多层次城市快速路系统。巴塞罗那除了解决城市的交通流动性，更是巧妙地利用自身巨大的体量，结合地形高程的设计，创造了一个可以容纳多种公共功能的加厚城市界面，串联了大量现有和新建的城市公共空间，率先构建了一个城市基础设施与公共空间的复合网络，并作为巴塞罗那城市转型重构的强力支撑。巴塞罗那环路系统注重对多层次城市空间的复合利用，采用了多样的空间断面形式，将城市过境快速交通安排在相对较低的空间层，地面层主要设置宽度较窄的慢速机动车道路。

巴塞罗那环路的立交桥也做了精心而富有创造性的设计，通过采用更大的环岛半径，形成更大面积的中央空间，并尽可能降低噪声影响，设置更加方便且安全的进入通道，使原先难以使用的消极空间转变为可以承载更多公共功能的积极城市空间。

依托城市铁路更新构建城市生态廊道。伴随着西班牙AVE高速铁路在巴塞罗那的修建，原本穿越萨格雷拉区的城市铁路将被移至地下，一条长3.7km的城市带状空间被重新释放。通过与城市街道公共空间轴线相连，这条带状空间为在巴塞罗那构建一条穿越城区并连接北部山体和南部海滨的绿色廊道提供了前所未有的机会，饱受铁路影响的周边衰败区域也将因此获得新的发展机遇。绿色廊道的地下空间将成为整合高速铁路、城市铁路、火车站、公共交通线路、城市公路和停车场的综合交通系统，地面将建成萨格雷拉线性公园。这条曾经的"铁路疮疤"，通过与景观的结合，将成为一个富有活力的绿色综合体，为沿线城市居住和商业用地的转型发展提供持续的动力。

4.2.4 建设公平均衡的绿地系统

城乡生态环境的分布并不均衡，存在不同维度的供需差异，使得部分区域出现缺乏公共服务绿地和不方便使用等问题，造成公众倾向于减少慢行外出和户外公共空间使用等情况，产生更高的间接碳排放能耗。

在规划完善绿地系统方面，重点从覆盖性、功能性、公平性等多重角度出发，增加城乡生态环境服务覆盖范围，服务多种类型公园的使用人群，减少机动车出行及室内能耗碳排放。

4.2.4.1 主要方法与策略

从覆盖性完善角度，基于服务半径情况，分级、分类、分片区来满足居民日常游憩需求（金云峰 等，2018），增加服务覆盖范围，提高绿地的可达性与服务效率，鼓励人群进行户外活动，提升公共健康水平（王兰 等，2016）。

从功能性完善角度，依据居民的出行行为和意向，缩减服务半径，减少机动车出行方式，使居民增强低碳出行的意愿（骆天庆、李维敏，2018），提升低碳出行率，以达到减排效益。

从公平性完善角度，基于使用人群的公平性，平衡供需关系，进一步覆盖使用空间的人群类型，通过城市公园绿地提供公共服务的过程，潜在地影响社会效益享用的公平与有效性（王敏 等，2019），进而起到鼓励绿色室外活动的作用。

4.2.4.2 案例分析

（1）丹麦哥本哈根"2015—2025年城市自然"政策（Urban Nature in Copenhagen 2015—2025）

【项目概况】

政策结合定量和定性的措施，将"创造更多开放绿地空间"和"提高哥本哈根的城市自然质量"作为目标，开展相关项目规划，重点基于以人为本的原则，推动实施城市气候适应战略，应对气候变化与生物多样性的危机。

【策略应用】

项目在"创造更多开放绿地空间"政策方面采取了两项主要的举措，即"绿色规划工具"与"种植十万棵新树"计划。绿色规划工具是基于对公共投资型项目（包括建筑和地方发展计划等）的绿色系数计算，在城市范围中寻找和增加更多绿地，如绿色庭院、屋顶、外墙、市政和非市政土地上的开放空间等。在10年内种植十万棵新树的计划是为了达到让城市街道上看见更多树木的目的。哥本哈根近期完成了典型项目Sankt Kjeld广场项目，将绿色基础设施与气候调节、雨洪保护、生物多样性等相结合。

（2）加拿大多伦多市中心公园和公共领域规划（Downtown Parks and Public Realm Plan）

【项目概况】

该项目作为多伦多市中心更新发展的重要组成部分，致力于在已成熟的城市结构中扩展、更新并连接公园和公共空间网络，进而促进周边城市发展。项目主要围绕五个区域的变革展开，包括核心区域、主要街道、海岸线衔接、公园区和地方特色区域（图4-8）。这些策略为城市创造了标志性的绿色空间，揭示了城市绿色空间挖掘的潜在机会，促进更多绿色空间和网络的均衡性建设。

【策略应用】

项目旨在通过五大策略在多伦多市中心密集的城市结构中构建一个更加完善和公平的绿地系统，实现公园和公共空间网络的扩展、优化与连接。在核心区域，主要是

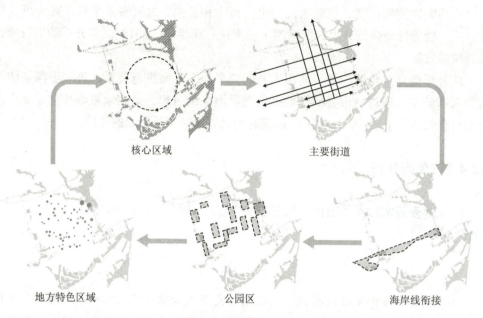

图 4-8　多伦多市中心公园和公共领域规划策略（改绘自 https://publicwork.ca/projects/）

把环绕市中心的山谷、悬崖和岛屿转化为一个完全连通的景观系统，并配备连续的步行和自行车道路，提供沉浸式的自然体验。在主要街道，重点增强市中心标志性街道的特色，使之成为独特的公共场所和连接纽带，提升城市空间质量。强化与海岸线的衔接，重连市中心与滨水区，整合东西方向的核心圈景观，强化城市与水边的联系。提升公园品质，重新设计市中心的特色区域，促进公园和绿地的连贯性和功能性。挖掘地方特色，更新本地公共空间的设计，进而更好地支持社区生活，拓宽公共空间系统的应用和效益。这些策略共同构成了一个以增强城市生态、提升市民生活质量、提供公平服务、为未来城市发展奠基为目标的综合绿色发展计划。

4.2.5　营建风适应开放空间系统

许多城乡区域正在受到越来越严重的热岛效应影响，使用空调系统来调控建筑内的温度，不但会增加能源消耗，带来额外碳排放，还会把热量排放到建筑周围环境中，进一步恶化室外小气候条件，降低户外空间使用情况。

规划风适应性的街道、开放空间和建筑来促进城乡区域的自然空气流通。合理的街道及开放空间规划，在白天能够利用盛行风向促进空气的流通，更重要的是，在夜晚冷空气可以在城市中流动并驱散积累的热量（巴奈特，2021）。

4.2.5.1　主要方法与策略

规划风适应性街道和公共空间主要涵盖风向和风速分析、合理创造阴影区等四个方面策略（表4-9）。

表4-9 风适应性街道和公共空间规划的主要策略（孙武 等，2021；周志宇 等，2023；巴奈特，2021）

策略	主要内容
风向和风速分析	①利用先进的流体动力学计算软件进行更精确的风环境模拟； ②通过模拟，可以预测建筑和街道布局对风速、风向以及温度分布的影响，确保项目能有效促进自然通风和小气候控制； ③模拟应考虑不同季节和时间段，以及不同建筑高度对风流的影响
合理创造阴影区	太阳辐射对夏季昼间热舒适性有重要影响，通过合理的建筑布局和增加遮阴，可以有效提高室外空间的热舒适性
改善住区通风环境	增加通风是改善炎热季节住区内部热舒适性的有效方法，建筑的朝向、密度、高度及天空视域因子等是影响内部风环境的关键因素
利用建筑通风塔降温	①通风塔位于建筑物的上部，利用热空气上升的自然原理，促进建筑的自然通风降温； ②塔的高度和位置应根据周围环境和建筑物本身的设计来优化，实现捕捉冷空气和排放热空气效率的最优发挥

4.2.5.2 案例分析

（1）丹麦哥本哈根的"气候适应性街区"

【项目概况】

该项目是一项旨在提高城市抵御气候变化影响能力的探索性规划。该项目通过一系列创新性措施，改善城市排水系统、增强绿色空间，提升城市热岛效应应对能力，强化城市的弹性。

【策略应用】

项目针对气候适应性街区建设提出了一系列适应性规划设计策略（表4-10）。

表4-10 哥本哈根气候适应街区策略（Copenhagen，2011）

策略	主要内容
绿色基础设施与植被配植	①项目通过大量使用绿色基础设施和植被，如城市绿地、绿色屋顶和垂直花园等，提高风的流动速度和降温质量； ②植被不仅能够提供阴凉，降低局部温度，还能通过其自然物理特征改善风流模式，为城市居民提供更舒适的户外环境
开放空间与公共区域的多功能设计	①开放空间和公共区域建设时，强调多功能理念，提升场地应对不同气候条件和提高空间使用的灵活性； ②这些空间既能促进风流和降温，又能应对极端天气事件
风适应性建筑设计	①对建筑设计开展创新，以优化自然通风和提高能源效率； ②通过设计具有风适应性特征的建筑，如具有特定朝向和形状的建筑，能够最大限度地捕捉凉爽的风，并在建筑内部进行有效分配； ③这些建筑不仅在视觉上与城市景观融为一体，还在功能上通过减少对机械通风的需求，间接减少了建筑能源消耗和碳排放

(2)中国台湾台中中央公园

【项目概况】

该项目前身是一个废弃的机场。由于区域气候炎热,设计的目标是提供更凉爽、干燥和较少污染的公共空间。公园对场地温度、湿度以及污染程度进行评估,并基于这三个要素开展后续规划布局,创造了具有不同小气候条件的功能区域,为促进多元使用创造了条件(图4-9)。

图4-9 气候感应测量器在公园中的应用

【策略应用】

风、温度、湿度等气候条件是项目规划的基础影响因素。在面向北风的区域,重点增加更多树木以创造树荫,形成凉爽舒适的区域。在较干燥的区域加入具有浮根的树木,形成更加湿润的环境区域。在远离道路的区域,增加更多带有吸附能力的树木数量,以减少空气污染。

项目以小气候作为功能分区的依据,通过温度、湿度、风和具有吸附能力的树木区域的叠加确定功能分区。树木的种植主要基于控制气温、湿度和污染情况,越少污染的区域主要留给儿童游戏和居民多元休闲活动使用。项目还设置了一系列温度、湿度和空气污染的感应测量器,以记录和分析监测信息,使用者也可以查看公园的小气候状况,进而引导进入适合的区域开展活动。

4.3 宣传与政策支持

4.3.1 志愿者引入和公众参与推动

居民在碳减排过程中的公众力量还有待进一步发挥。城乡生态环境与居民的联系还需要进一步加强，在碳中和功能实现中，可以利用各种媒介唤醒居民的低碳意识，推广绿色低碳生活。

通过参与式设计、营造和管理等环节，激发本地居民的参与度，推动居民志愿环保群体的发展，在居民参与的过程中宣传环保低碳理念，引导居民自觉开展绿色低碳环保生活，营造推动碳中和目标实现的社会环境和自觉行动者。

4.3.1.1 主要方法与策略

设计师可引导居民和志愿者在参与式营建的各个环节中介入，共同完成"调研——设计——建设——维护"等不同阶段目标，在唤起居民志愿者环保意识的同时，减少相应阶段的碳足迹，融合气候变化应对目标，推广低碳环保理念（表4-11）。

表4-11 碳中和目标下的参与式营建方法架构表（吴佳鸣 等，2023）

类型	策略	主要内容
调研	问卷调查	了解项目实施问题，在前期寻求参与营建积极性高的居民和潜在志愿者，搜寻居民生活中的可回收材料等
	居民访谈	
	搜寻评估可回收建设材料	
设计	公共咨询沙龙	征求居民意见，探讨建设实施合理性
	方案意见反馈会	
	公众参与投票	
建设	共同参与项目实施	减少人员、建设、维护产生的碳足迹
	使用前期调研回收材料	
维护	利用建成环境组织科普活动	宣传气候变化环保知识，增强居民志愿者环保意识，促进社区自我服务的居民自组织群体建立
	气候变化主题交流沙龙	
	低碳生活技巧小讲堂	
	自组织群体运营活动	

4.3.1.2 案例分析

（1）北京兆军盛菜市场"菜筐漂流计划"

【项目概况】

该项目是废弃菜筐再利用的科普活动。菜筐以北京兆军盛菜市场为漂流起点，皇城根遗址公园为漂流中转站，废弃菜筐通过堆叠等手段组合形成微型花园，最终流向居民小家庭中成为家庭园艺种植容器。在菜市场及社区居民中推广植物堆肥，展现"零废弃"生活美学的同时，"菜筐漂流计划"也是应对气候变化的绿色公共空间建设与维护、社区交往与共治的创新思考与实践（图4-10）。通过与周边居民参与式的共建互动，成功将环保低碳理念植入居民的行动中。

图4-10　北京"菜筐漂流计划"公众参与过程

【策略应用】

从菜筐收集到现场搭建阶段，设计团队与当地居民一起收集废旧菜筐，在对菜筐进行挑选、处理后，秉承着低碳"零废弃"的理念，对可利用的菜筐重新组合摆放，多层叠加，形成了形式多样、为居民提供休闲和园艺种植的"公共容器花园"。场地建成后，设计团队组织了堆肥科普与"一米菜筐"的活动，目标是加强公众之间的有机联系，使设计场地成为户外教育讲堂，进而宣传环保低碳理念。

（2）智利瓦尔帕莱索回收广场（Valparaiso）

【项目概况】

该项目是一项鼓励公众参与的环保倡议建设项目，其主要目标是将可回收的固体废弃材料进行重新再利用，并鼓励市民参与到建设环节中来。第一届回收广场于2013年1月24~27日在瓦尔帕莱索艺术节期间举行，得到了周边多个地方组织与社区委员会的支持。设计团队与市民一起在一个月内回收了瓦尔帕莱索市内的12 000多个废弃塑料瓶，在广场上方搭起了有趣的塑料顶棚，同时使用300多个轮胎与木制托盘搭建了广场上的开放城市家具，最终在艺术节结束后将所有材料交予相关公司回收利用（图4-11）。

图4-11　智利瓦尔帕莱索回收广场
（引自 https://www.flickr.com/）

【策略应用】

该项目与公众一起完成了材料收集和搭建阶段的任务，通过具体的参与途径使市民获得更多的参与感与责任感，建设完成的回收广场开放空间在公众使用的过程中也成为一处大型环保零废弃理念宣传展厅。回收广场活动从居民生活出发，实现了公众参与的引入，是一项从参与度、使用度、宣传度等多个方面具有典型示范效应的参与式营建项目。

4.3.2 开展低碳生活科普推广活动

低碳推广与公众科普如果与公众生活缺乏紧密联系，将影响公众对气候变化应对产生积极主动的责任意识并改变其日常行为的效果（周娴、陈德敏，2019），需要更加多元、直观有吸引力的科普活动来帮助构建低碳社会。

结合生态环境建设开展低碳绿色科普活动，可以通过感官、文化、行为等环境因素来强化与公众之间的相互影响，促进公众参与低碳活动，并进一步形成公众自发组织的环保群体，或与政府及相关机构合作，提高公众对气候变化的普遍社会认知，影响公众的态度和行为（吴佳鸣 等，2023）。

4.3.2.1 主要方法与策略

在城乡生态环境中，可以遵循直观呈现、促进参与、维护运作三类循序渐进的科普模式，举办低碳推广的科普活动（表4-12），提升居民低碳环保意识。

表4-12 常见低碳推广科普活动类型表

类　型	策　略	主　要　内　容
直观呈现科普	可视化工具直观科普	结合绿地环境提供多元、直观且有吸引力的科普展示
	科普展览	
	快闪活动	
促进参与科普	圆桌讨论	促进公众参与科普活动
	社会实践	
	志愿服务	
维护运作科普	公众自组织团队组织科普活动	促进社会参与的科普宣传机制
	政府相关机构组织科普活动	

直观呈现科普主要在认知层面进行干预，结合绿地环境提供多元、直观且有吸引力的科普展示，通过直观科普的形式提高公众对于碳相关气候变化的应对意识，获得相关知识，强化情感链接，进而提升公众参与相关活动的主观意愿。

促进参与科普主要在行动层面进行干预，主要目的是促进公众切身实际地参与到科普活动中来，而非被动接受科普，实现自身行为的主动转化。活动形式包括圆桌讨论、社会实践、志愿服务等。

维护运作科普主要在维护层面进行干预，通过公众参与活动鼓励形成公众自组织团队，也可与政府或相关机构合作，扩大社会参与的科普宣传，建立长期、有效的行动机制。

4.3.2.2 案例分析

（1）荷兰可移动森林活动

【项目概况】

该项目志愿者团队在100多天的时间里，沿着3.5km的路线推着1200棵带有可移动容器装置的树木前进，将社区的街道暂时变成茂密的"森林"。这些树木包括60多种本地物种，如桉木、白蜡树、榆树、枫树、橡树和柳树等，假植在800多个木制容器中，然后装入轮式推车（图4-12）。团队用二维码标记了每棵树，为居民科普植物知识，利用土壤传感器提醒浇水。活动结束后，树木将被栽植在城市的各个角落。

图4-12 荷兰可移动森林活动（引自 https://www.brunodoedens.nl/bosk/）

【策略应用】

众多市民的参与，整个城市沉浸式的体验，使"可移动森林"产生广泛的宣传作用，让公众具象化地体验到自然的力量，深化了公众对气象变化和环保低碳的认识，促进公众开展绿色低碳活动。组建的志愿者团队也成了可持续的社会行动的促进力量。

（2）美国海平面上升移动信使（Mobil Messenger for Sea Level Rise）

【项目概况】

该项目处于洪水易发地区，其中许多人对海平面上升和风暴潮对其社区造成的影响了解有限，对全球气候变化的了解也不充分。设计团队使用了一辆面包车，驾驶面包车作为移动平台在多个社区流动宣传。设计团队在车身上使用双语绘制并传递了洪水对周围环境及人群的影响信息，包括洪水位淹没区域、洪水计测量仪器等。还配备一名解说，用直观、亲切的方式，对与周边居民密切相关的气候变化信息进行讲解，吸引公众参与科普活动。

【策略应用】

科普互动使用车身作为可移动的平台，利用激光投影将各种洪水状态进行投射，结合讲解员的互动沟通，让本地居民直观感受到全球气候变化对社区的影响。面包车平台同时发挥着交通运输功能，成为移动的科普实验室。设计师与志愿者的运营维护团队保障了面包车平台的持续运作。

（3）罗马尼亚蒂米什瓦拉（Timisoara）垂直苗圃

【项目概况】

该项目由一个"1306棵树"的临时装置组成，它既是一个苗圃，也是公众可以使用的公共空间，装置内部和周围可以举办推广绿色生活的相关活动，形成了一个地标性的景观。装置将遵循100%重复使用的原则，在展览结束后，将为城市提供1306棵可种植的植物。装置中的苗木将根据市民对新绿地的需求，种植在城市周围（图4-13）。

【策略应用】

项目本身起到直观呈现科普的作用，以强烈的既视感获得公众关注，促进公众探讨绿色生活，从而发挥科普宣传效果。同时，伴随装置展览同时举办的参与式活动也进一步扩大科普效果。在展览结束后，将引导公众参与装置树木的种植活动，对其传达的绿色信息进行讨论，进一步向公众扩散科普信息，提升科普效果。

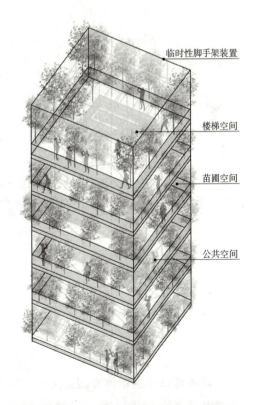

图 4-13　罗马尼亚蒂米什瓦拉垂直苗圃装置

4.3.3　建设环保低碳主题园区

面向气候变化应对和碳中和目标的实现，可以将绿色生态等作为城乡生态环境建设的主题，在满足公众使用功能的同时传播低碳环保理念。

将气候变化和碳中和等主题融入城乡生态环境设计、建造、管理和维护等过程中，使其不仅能发挥自身直接的增汇减排功能，同时发挥低碳生活的社会引导功能，让更多的城市居民提高低碳意识，自觉投身减排行动。

4.3.3.1　主要方法与策略

在城乡生态环境从设计到运营的全流程环节中，可以引入低碳主题策略（表4-13），鼓励居民采用低碳、健康的生活方式，倡导居民的日常低碳行为，让更多居民投入减排行动，发挥促进"双碳"战略目标实现的社会效益。通过这些方法，城乡生态环境不仅成为公众休闲娱乐的场所，也成为推广和实践低碳生活理念的重要平台。

表4-13　推广城乡生态环境低碳主题的主要策略（王琳，2023）

策　略	主　要　内　容
形成低碳理念体系	注重低碳理念融入，通过将可持续性和生态友好的理念贯穿于整个规划、设计、管理和运营等过程中，碳中和主题公园的教育和展示无疑可以成为学习和体验碳中和实践的亲切、生动的空间
设置多元科普设施	将科普设施融入园内节点中，向使用者充分展现碳中和知识，通过解说牌和互动展览等展示公园生态恢复的成果和过程，让人们直观地了解低碳环保措施对生态系统的积极影响。借助互动设施和互联网技术等设置低碳智慧游园系统，提供碳积分收集和交换体验环节，促进低碳理念向公众自觉行动转化
举办科普教育活动	定期举办环保主题的教育活动、讲座和工作坊，涵盖低碳生活、可持续发展、资源循环利用等主题，增强访客的环保意识，也可以与环保组织、教育机构和社区团体合作，共同开发和推广低碳生活的教育内容和活动，扩大传播范围和影响力
推广低碳交通方式	鼓励游客通过步行、骑行或乘坐公共交通工具等方式来游览公园，减少私家车使用，设置便利的公共交通和慢行交通服务设施。公园可以提供自行车租赁服务，建设便利的自行车道和步行路径，以及设置电动汽车充电站等，积极引导慢行的绿色生活方式

4.3.3.2　案例分析

（1）北京温榆河公园未来智谷

【项目概况】

该项目位于温榆河公园西北部，是北京首个碳中和主题园区，重点围绕"双碳"战略目标实现，以创新的设计和运营方式，推进碳中和主题公园的建设，发挥公众低碳理念传播和绿色生活推广的功能（图4-14）。

气候变化科普故事　　　"碳宝说"标识牌　　　碳达峰寓意二氧化碳排放　　未来智谷——碳立方
　　　　　　　　　　　　　　　　　　　　　　在达到峰值后逐步降低

"碳积分"智慧游园系统　　碳心广场骑行游戏　　　　低碳驿站　　　　　随处可见的碳百问知识

图 4-14　温榆河公园未来智谷低碳主题空间（陈路平 摄）

【策略应用】

碳中和主题知识体系构建。从"碳的基础知识与气候变化"（碳的世界）、"中国在应对全球气候变化中的贡献"（中国力量）、"碳中和路径与愿景"（和谐家园）三方面梳理200余个知识点，形成贯穿全园的碳百问知识体系。

碳排放艺术化叙事演绎。按照"以艺术介入激活环境主题"的设计手法将"碳百问"知识体系进行多样化传达，实现"自然—科技—艺术"融合的碳主题表达。例如，对于碳排放的概念，公园内通过廊架、汽车雕塑的文字镂空等形式建立碳排放理念。廊架上镂空的文字投影到地面，在地面上讲述碳排放的故事，与科学知识深度互动。

"碳积分"数字智慧游园系统。借助互联网技术，通过互动设施将低碳行为与智能科技相结合，打造"碳积分"智慧游园系统。通过手机扫描互动设施二维码来启动低碳行为赚取积分，使用园区服务可消耗积分。

应用低碳清洁能源技术。探索氢能、太阳能等清洁能源和节能技术等在公园中的应用。园内首次采用氢燃料电池观光车和助力自行车，并在服务建筑中应用光伏玻璃和能耗自控检测系统，减少碳排放。同时，通过技术手段"落叶化土，还肥于林"，打造无废生态公园。

（2）深圳新标地零碳公园

【项目概况】

深圳国际低碳城是首批国家低碳城市试点项目。项目位于深圳国际低碳城的核心区，占地约18.5万m^2，是兼具生态游览、康体健身、碳汇科普和互动体验功能的城市低碳主题公园。

【策略应用】

项目在设计和建造过程中采取系列低碳策略（表4-14），将人、动植物与自然环境融合，打造一个融入原生环境的"零碳"主题公园，通过低碳策略的运用为公园每年减少碳排放量约3700t（AUBE，2023）。

表4-14　深圳零碳公园推广低碳主题策略

策　略	主　要　内　容
遵循场地的开发	以自然生态为基底，依势而建，力求对自然山体的最小改造，实现土方平衡
低碳植物设计	开发过程中尽可能保留原有乔木和地被，新增植物优先选择高固碳植物和乡土植物，通过复层结构种植模式，提高单位面积的植物固碳效益
低碳工艺材料	设计建造选择低碳材料和环保工艺，在满足功能的前提下，减少新材料在开采、运输和加工过程中的碳排放，延长回收材料的生命周期
低碳能源利用	零碳生活馆采用零碳建筑技术，采用太阳能光伏板铺满屋顶为建筑提供能源，多余能源可输送回电网
海绵城市设计	结合场地高差、汇水分区设置雨水管理设施，实现年径流总量控制率约83%，面源污染削减率约75%
低碳科普运营	设置赤脚乐园、亲水溪流段、生态广场展示区等科普区域，由主园路串联"水风之谷、光电之丘、土石之丘、林木之丘"四大板块，形成零碳科普路径

（3）无锡碳循环之光绿色点亮计划

【项目概况】

该项目位于无锡经开区清舒道，用"+-×÷"的方式解锁了公园绿色"零碳环"。通过引入互动艺术设施"零碳灯泡艺术雕塑"，居民每一步的低碳行动，都在为雕塑提供"碳循环之光"，点亮低碳生活（图4-15）（DreamDeck，2023）。

【策略应用】

"+"碳汇、碳知识。结合景观设置可持续排水措施，结合周边绿化植被实现自然的固碳过程，并同时设置雨水花园、植物固碳科普展示区，让游客直观地了解湿地碳汇、植物固碳的碳汇相关知识。

"-"碳排放。智慧树作为"零碳环"的标志物，象征着能源的转换和循环，叶片是由太阳能晶硅板组成，吸收光伏能量，并转化为电能，作为清洁能源为智慧树的灯光和街区的其他设备供电。零启点广场正中央的零碳灯泡艺术雕塑象征低碳循环之光，结合广场中央下部设置光伏路面，光伏路面发电用于互动设施用电和景观照明等，实现循环利用。

"×"倍用。低碳科普展廊实现能源监测多效利用，用环保材料进行建造，顶部为

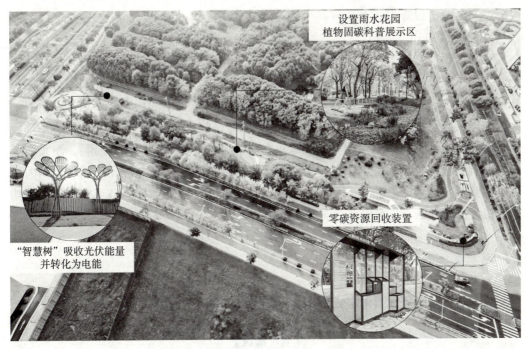

图 4-15 无锡碳循环之光绿色点亮计划（DreamDeck 梦想甲板供图）

太阳能发电光伏膜，廊内安装实时数据监管系统，可以清晰地观看到区域内的碳排放、资源利用情况等各种数据。设置资源回收站对可回收废物进行回收再利用，并可以换取碳积分，兑换"种子盲盒"小礼品。

"÷"减压。设计智慧低碳生活运动区零碳循环健身步道，通过零碳环打卡装置在跑步时的实时反馈瞬间速度、运动里程等相关数据，吸引居民参与低碳活动。

4.3.4 编制策略指南和基金支持

在发挥碳中和能力的城乡生态环境建设与管理中，目前相关技术指导和支持制度比较欠缺，在"双碳"战略目标下的城乡生态环境提升碳中和能力的相关政策、规划设计方法、技术标准和奖惩制度尚不完善，导致效能不确定性增加。

编制城乡生态环境碳中和能力提升策略指南和支持政策、基金等，主要包括编制统一的城乡生态环境碳中和能力提升建设指导标准，提高减排效率，制定相关支持政策推动碳中和目标实现，促进相关技术创新和能力建设，出台国家基金等多层次资金支持计划，为低碳生态环境建设发展提供财政支持和多元化奖励机制。

4.3.4.1 主要方法与策略

城乡生态环境作为城乡建设区域最主要的绿色生态资源，具有不可或缺的碳汇价值和多重生态系统服务功能。园林绿地等作为一种重要的城乡生态环境投资和资产，称作绿色基础设施，可以为城乡区域带来生态、社会、经济等综合效益，通过增加植被覆盖、湿地建设等方式有效提高生态系统的固碳能力，帮助城乡区域应对气候变化（Rosenberg，1996）。

促进城乡生态环境发挥碳中和功能的相关技术指南与支持基金可以引领气候适应工作，发挥积极作用，如通过制定全国统一的低碳景观设计指南、设立国家城市绿色基础设施基金等。目前，已经有一些国家和地区发出了类似的倡议和计划，并开展了大量推进实施行动。这些倡议旨在推动碳中和和气候变化适应，包括支持绿色基础设施建设等措施。例如，欧盟的《欧洲绿色协议》、美国的《气候行动计划》、澳大利亚的《气候变化政策包》等。中国需要结合自身实际条件和发展状况，广泛借鉴国内外先进经验，多类型、多路径、分阶段地制定各层次的促进城乡生态环境发挥碳中和功能的相关指导意见、技术标准和支撑政策。

4.3.4.2 案例分析

（1）澳大利亚风景园林学会（AILA）气候积极性设计计划

【项目概况】

该计划旨在通过风景园林规划和设计来应对气候变化，提高城市和社区的气候适应性。澳大利亚风景园林学会希望通过这些倡议，帮助制定澳大利亚城市绿色基础设施国家标准，并促进相关规划指南与基金的设立。

【策略应用】

为了推动建立澳大利亚气候积极性设计策略指南和支持基金，澳大利亚风景园林学会开展多方合作，通过向全社会积极倡导推广相关碳中和理念和价值观，争取获得更广泛的认可和帮助。澳大利亚风景园林学会提出气候积极性设计倡导，向各级政府说明全球气候变化的影响，为相关政策制定提供建议，努力提升风景园林在气候变化应对中所发挥重要作用，并促进与相关行业和国际伙伴合作，推动改进相关行业标准，开展有效的实践，同时为学会成员提供资源、教育和信息帮助，提升从业者应对气候变化的实践能力，支持国际风景园林师联合会（IFLA）在全球范围内推动应对气候变化行动（表4-15）。

表4-15 澳大利亚风景园林学会气候积极性设计倡导推进的主要成果（Martin，2021）

成　果
针对澳大利亚《2020年气候变化（国家适应和减缓框架）法案》[Climate Change (National Framework for Adaptation and Mitigation) Bill 2020]和《2020年气候变化（国家适应和减缓框架）（相应和过渡性条款）法案》[Climate Change (National Framework for Adaptation and Mitigation) (Consequential and Transitional Provisions) Bill 2020]向众议院环境和能源常设委员会（House Standing Committee on the Environment and Energy）提交意见书
完成1999年《环境保护和生物多样性保护法》(Environment Protection and Biodiversity Conservation Act 1999) 独立审查，并提交国家自然灾害应对措施皇家委员会（Royal Commission into National Natural Disaster Arrangements）

（续）

成 果
完成气候积极设计倡导，成立气候积极设计工作组，工作组由来自澳大利亚各地的成员组成
定期与澳大利亚建筑师学会和澳大利亚规划学会的首席执行官会面，开展相关领域沟通合作
担任国际风景园林师联合会亚太区气候变化工作组（IFLA Asia-Pacific Region Climate Change Working Group）主席，代表该地区参加国际风景园林师联合会世界气候变化工作组，在国际风景园林师联合会大会上发言
致力于成为制定城市绿色基础设施国家临时标准（Urban Green Infrastructure National Interim Standard）工作组的一员，该标准由澳大利亚标准局于2021年初推行

（2）美国风景园林师协会（ASLA）应对气候变化智慧政策

【项目概况】

面对全球气候危机，美国风景园林师协会成立由风景园林、规划、工程、建筑、公共政策和社区领袖组成的跨学科团队，为社区提供适应全球气候变化及其对人类健康、环境影响的战略。为增强社区绿地与城市公园建设，团队制定了应对气候变化的智慧政策，通过基于自然的解决方案，面向社区所有人群的使用需求，逐步建设低碳、适应气候变化的社区绿色生活环境（ASLA，2018）。

【策略应用】

应对气候变化的智慧政策以激励为基础，聚焦广泛的社区发展目标和问题，促进整体规划的编制并为规划编制提供相关帮助，强调环境正义和社会公平，注重社区参与，并强调根据绩效指标定期对政策进行评估和审查。智慧政策主要涵盖自然系统、社区发展、弱势群体、交通、农业等方面内容（表4-16）。

表4-16　ASLA应对气候变化的智慧政策具体内容（ASLA，2018）

类 别	主 要 内 容
自然系统	①为绿色雨水基础设施提供专项资金； ②新建项目需要保留场地雨水； ③鼓励种植适合本地的乡土植物和支持生物多样性的植物，要求在公共绿地上种植对传粉媒介昆虫友好的植被； ④保护和强化天然植被缓冲区建设，包括湿地、沿海岸线和内陆的滨水种植区； ⑤优先保留和扩大绿地建设，解决开放空间使用方面的不公平问题； ⑥推行城乡区域国家植树计划，保护和扩大林木覆盖度； ⑦推广或要求使用节水和水循环利用技术； ⑧通过国家水战略来保护关键水源； ⑨鼓励增强土壤健康的实践； ⑩保护荒地； ⑪评估气候变化对生物多样性的风险，推广绿廊以及用于植物和动物迁移的生物走廊建设
社区发展	①使用绿色基础设施和完整街道理念，采用以公共交通为导向的社区开发原则，利用清洁能源，提高能源使用效率； ②再利用或重新开发棕地和其他废弃地； ③需要开展环境公平性分析，从社区公平视角制定交通政策；

(续)

类 别	主 要 内 容
社区发展	④制订市政和区域气候适应计划，要求现行法律法规将气候变化纳入考虑； ⑤增加相关保险计划，鼓励弹性重建； ⑥创建社区投资信托基金，为绿色基础设施和其他韧性提升项目、清洁能源利用项目提供资金； ⑦评估和解决气候变化对公共卫生和健康的影响； ⑧要求所有住宅开发项目在约400m半径范围内有可步行到达的开放空间
弱势群体	①评估和缓解气候变化对脆弱社区的影响； ②关注环境公平，包括交通、住房、工作、娱乐和开放空间等； ③制订特殊情况的搬迁、撤退和疏散计划； ④限制或禁止在洪泛区建造建筑，保证居民人身、财产安全和洪泛区的正常使用； ⑤面向气候变化影响，更新洪水地图； ⑥限制或禁止在火灾多发的农村地区建设房屋； ⑦促进公共住房和混合用途开发，提供便利交通服务和其他基础服务； ⑧建立或增加低收入者住房的税收抵免
交 通	①需要建立以交通为导向的开发项目（TOD），强化交通与经济适用房、绿地和街道的联系； ②针对步行、自行车和公共交通出行，提供公平、安全的交通选择； ③在预测、规划和建设基础设施时，考虑支持电动汽车和新型运输方法和技术； ④应用技术和设计策略来实现净零碳街道； ⑤促进区域交通规划与发展
农 业	①保护农田，支持本地粮食生产； ②鼓励城市和郊区农业； ③鼓励能保证土壤健康的保护性农业，增加食物的营养价值，并实现碳封存； ④欠发达地区提供居民能够负担的健康食品来源

4.3.5　推动构建碳汇认证体系

认证碳汇是促进碳中和发展的重要刺激手段。城乡生态环境建设需要进一步强化碳汇认证，开展科学精确的数据收集，统一认证标准，完善监管体系，为城乡生态环境开展碳汇认证和市场交易提供基础。

碳信用市场可以为企业和个人提供一种灵活的方式来减少碳排放，并通过激励减排行为来推动经济向更加低碳的方向转变，有助于全球应对气候变化挑战。城乡生态环境通过加入新兴碳信用市场，购买和销售碳信用来实现碳排放的管理和减少，并获取碳交易收益，实现可持续建设发展。

4.3.5.1　主要方法与策略

城乡生态环境具有在碳信用市场出售碳信用额度的潜力。企业的气候承诺是推动碳信用市场增长的主要动力，通过购买碳信用来抵消不可避免的排放。城乡生态环境可以成为这些企业购买碳信用额度的重要来源。

为了应对全球气候变化，促进碳信用市场的可持续发展，各国政府都在制定相关政策，开展相关认定。从认证源看，碳信用机制分为国际机制、独立机制和地方机制。

从需求来看，碳信用来源于国际协议和国家法律规定的一系列合规义务，以及公司或其他组织作出的自愿减排承诺。

4.3.5.2 案例分析

（1）英国碳排放交易计划

【项目概况】

英国立法承诺2050年实现净零排放，在绿色金融领域进行了积极有益的探索，建立了全球排放交易系统（UK ETS）（巴曙松、彭魏倬加，2022）。该系统是一个碳排放限额与交易系统，限制了碳排放的总量，并创建了碳交易市场，用于激励脱碳。

【策略应用】

在英国碳排放交易市场开展碳信用额度交易主要包括七个具体流程（表4-17）（Scottish Government，2020）。

表4-17 英国碳排放交易市场交易流程

步骤	主要内容
①注册参与者	注册为碳排放交易市场的参与者，与相关监管机构联系并完成注册流程
②获得排放许可证	在参与碳排放交易前，需要获得相应的排放许可证，证明有权在特定期间内排放一定量的二氧化碳等温室气体
③监测和报告排放量	需要定期监测、报告和验证碳排放量，以确保符合规定，数据将用于确定碳配额需求和交易量
④确定交易需求	根据排放情况和减排目标，确定需要购买或出售的碳配额数量和时间
⑤选择交易方式	可以选择直接与其他参与者进行交易，也可以通过交易平台或经纪人进行交易
⑥执行交易	如果选择在交易平台上进行交易，可以发布买、卖单，并与其他参与者进行配对交易。如果选择通过经纪人进行交易，可以委托经纪人代为寻找交易对象并完成交易
⑦结算和清算	一旦交易达成，交易平台或经纪人将处理交易的结算和清算等程序

（2）"碳之地"（Carbonplace）碳信用交易平台

【项目概况】

瑞士联合银行集团、加拿大帝国商业银行等九家全球性银行组建了联合的碳信用交易网络平台"碳之地"（图4-16）。该平台是一个全球碳信用交易的网络，建立目的是为了实现碳信用认证转让的简单化、安全化和透明化。

【策略应用】

平台已经开始进行环境碳信用交易试点，发挥了引导大规模投资用来支持碳减排

图 4-16 "碳之地"（Carbonplace）平台

和碳消除项目的作用。平台能够实现安全高效的碳信用交易，有效提升了碳减排市场的信心，引导市场在气候行动应对方面开展大规模投资，包括支持造林计划和开展碳捕获技术创新研究等内容（Carbonplace，2024）。

小　结

城乡生态环境的间接减排功能同样具有巨大潜力，但在当前研究和实践中常被忽视，主要可以通过调节城市小气候，鼓励户外低碳生活，构建低碳城市，出台城乡生态环境低碳发展政策三类途径来实现。

在城乡小气候条件改善方面，良好的小气候能够降低环境能源消耗，增强户外环境吸引力，鼓励居民参与户外活动，降低室内环境维护所产生的碳排放，进而间接减少碳排放，主要可以采用小微绿地气候调节功能优化、绿色空间挖潜和设置气候调节水景三种主要技术措施。在绿色低碳城市构建方面，完善城市绿地系统布局是构建低碳城市的关键，主要采用紧凑城市构建、生态网络优化等五种主要技术措施。在宣传和政策支持方面，强化低碳活动宣传与政策扶持也是一种重要途径，主要通过引入气候应对志愿者和公众参与、开展低碳生活科普推广活动等五种主要技术措施。

思考题

1. 如何通过完善城市绿地系统布局来构建低碳城市？
2. 调节城市小气候对鼓励户外低碳绿色生活有何具体作用？
3. 强化低碳活动宣传与政策扶持在提升城乡生态环境间接减排作用中有何意义？
4. 国内外在保障城乡生态环境碳汇能力方面有哪些值得借鉴的经验？
5. 在提升间接减排作用的过程中，如何平衡生态效益与社会经济效益？

拓展阅读

1. 可再生能源城市理论分析. 娄伟. 社会科学文献出版社，2017.
2. 我们选择的未来："碳中和"公民行动指南. 克里斯蒂安娜·菲格雷斯，汤姆·里维特-卡纳克. 中信出版社，2021.
3. 零碳社会. 杰里米·里夫金. 中信出版社，2020.
4. 低碳城市的理论方法与实践. 庄桂阳. 中国社会科学出版社，2021.

第5章 辅助计算工具

城乡生态环境是应对全球气候变化、实现"双碳"战略目标的重要载体,具有显著的减排和增汇效能。为了更好地支撑城乡生态环境的减排和增汇效益,需要采用评估工具对其进行定量和定性评估,科学直观地辅助规划设计和运营管理决策,实现效益最大化和可持续发展。

5.1 工具概述

5.1.1 计算工具汇总

目前,城乡生态环境的碳计算工具正在迅速发展中,其中一些工具已经得到行业越来越多的认可,应用于相关研究和实践(表5-1)。

表5-1 常用碳计算工具汇总

名 称	计算目标	付费情况
Embodied Carbon in Construction Calculator(隐含碳建造计算器)	计算不同类型建筑材料的碳排放	免费
东南大学东禾建筑碳排放计算分析软件	计算建筑的碳排放	免费
Integrated Valuation of Ecosystem Services and Trade-offs(InVEST模型)	计算研究区的碳储量	免费
i-Tree综合模块	计算森林结构和树木的碳汇量	免费
National Tree Benefit Calculator(国家树木效益计算器)	计算单棵树的碳汇	免费
Construction Carbon Calculator(施工排放计算器)	计算建筑的碳排放(其中包括景观的碳汇计算)	免费
Landscape Carbon Calculator(景观碳排放计算器)	精细地计算项目的碳排放和碳汇量,最终确定项目达到碳中和的时间	部分功能免费
Pathfinder("探路者"景观碳计算器)	计算园林绿地相关项目的碳排放和碳汇量,最终确定项目达到碳中和的时间	免费
CURB(城市可持续发展气候行动)	演示成功实现城市减排和减排目标的某些特定情景	免费
CarboScen	估算生态系统中的碳储量情况	免费

5.1.2 计算范围

碳计算工具主要分为两个计算类别，分别是碳排计算和碳汇计算，部分工具只计算其中一个类别，部分工具兼具上述两类功能，能够实现碳中和的定量评估。不同类别的计算工具在计算范围上差异较大，同一计算类别的计算工具由于输入数据、计算的重点和计算方法的不同，在计算范围上有所差别（表5-2）。

表5-2 计算范围汇总

名称	碳排								碳汇						
	建筑工程				园林植物			土地利用碳排	植物碳汇			水体碳汇	土壤碳汇	湿地碳汇	土地利用碳汇
	材料	施工	运营	运输	植物养护	灌溉排水	园林废弃物		乔木碳汇	灌木碳汇	草本碳汇				
Embodied Carbon in Construction Calculator	*	—	—	—	—	—	—	—	—	—	—	—	—	—	—
东南大学东禾建筑碳排放计算分析软件	*	*	*	*	—	—	—	—	*	—	*	—	—	—	—
Integrated Valuation of Ecosystem Services and Trade-offs（InVEST模型）	—	—	—	—	—	—	—	—	—	—	—	—	—	—	*
i-Tree综合模块	—	—	—	—	—	—	—	—	*	*	*	—	—	—	—
National Tree Benefit Calculator	—	—	—	—	—	—	—	—	*	—	*	—	—	—	—
Construction Carbon Calculator	*	*	*	*	—	—	—	—	—	—	—	—	*	—	—
Landscape Carbon Calculator	*	—	*	*	*	—	—	—	*	—	*	—	—	—	—
Pathfinder	*	*	*	*	*	—	*	—	*	*	*	*	—	*	—
CURB	—	—	—	*	—	—	*	*	—	—	—	—	*	—	—
CarboScen	—	—	—	—	—	—	—	*	—	—	—	—	*	—	*

注：—表示未明确计算，*表示已计算。

5.1.3 计算因子及地区适应性

计算因子对计算结果的准确性影响很大。计算工具内各个因子的来源有多种途径，包括研究论文或官方出版物中的数据，也有少部分是官方机构凭经验确定的数据。例如，在Pathfinder中，湿地的年单位面积碳封存率来源于荷兰人工湿地的研究报告，草地的排放和封存因子来源于美国环境保护署，乔木的成熟碳封存率和生存因子等数据是美国农业部研究产生的经验数据。此外，由于计算因子数据来源的不完善，在实际运用中，也存在对已有数据进行再计算后使用的现象，在Pathfinder工具中，由于仅有材料产品阶段的数值，而运输、建设、使用和拆除阶段的数值缺乏，则按照产品阶段数据的30%进行估算。

由于来源不同，计算因子会呈现出不同的地区适用性。碳计算工具由于开发机构和数据支持单位的不同，地区适用性可分为三类：仅某个地区适用；针对某个地区适用，其他地区替代性使用；全球适用（表5-3）。部分工具允许对数据进行区域修正。

表5-3 计算工具的地区适用性分类

名　称	开发地区	是否可以自定义数据	适用地区
Embodied Carbon in Construction Calculator	全球合作	是	全球适用
东南大学东禾建筑碳排放计算分析软件	中国	是	中国适用，其他地区替代性使用
Integrated Valuation of Ecosystem Services and Trade-offs（InVEST模型）	美国	是	全球适用
i-Tree综合模块	加拿大、澳大利亚、墨西哥、韩国、哥伦比亚、欧洲大部分城市	是	加拿大、澳大利亚、墨西哥、韩国、哥伦比亚、欧洲大部分城市适用，其他地区替代性使用
National Tree Benefit Calculator	北美	否	仅北美适用
Construction Carbon Calculator	美国	否	仅美国适用
Landscape Carbon Calculator	北美	否	仅北美适用
Pathfinder	北美	是	北美适用，其他地区替代性使用
CURB	全球	是	全球适用
CarboScen	全球	是	全球适用

5.2 工具计算方法

5.2.1 输入输出数据

计算工具在输入阶段需要的信息可以主要概括为所属地区、研究范围的面积和计算内容的类型；输出的结果以数值和图表展示为主，主要可以分为物质量、价值量和实现碳中和的预期时间（表5-4）。

物质量数值的输出主要是针对二氧化碳量，其中包括碳排放量和碳汇量，单位有千克二氧化碳当量（kg二氧化碳）、吨、磅等。计算工具中有经济价值输出的仅有National Tree Benefit Calculator，它针对单棵植物的年收益进行了以美元为单位的估算。Landscape Carbon Calculator和Pathfinder在结果中对于实现碳中和的时间进行了展示。CURB、CarboScen等计算工具的输出结果以图示化的形式为主。

表5-4 计算工具的输入及输出汇总

名 称	输入数据	输出数据
Embodied Carbon in Construction Calculator	具体材料类型、尺寸、碳排放量区间、地理区域等	每单位材料包含的二氧化碳量
东南大学东禾建筑碳排放计算分析软件	建筑类型、计算阶段、气候带；施工所需能源类型及用量、施工机械类型及台班用量计算；建材类型、用量、运输距离；运行阶段热水、空调、电梯及照明、可再生能源利用等	项目各阶段碳排放量、单位面积排放量和总碳排放量
Integrated Valuation of Ecosystem Services and Trade-offs（InVEST模型）	研究区土地利用数据；研究区地上生物碳、地下生物碳、土壤碳和死亡有机碳的碳密度	碳存储量
i-Tree综合模块	位置、树种、树木生长信息、预计植物生长年限等	碳储存量（包含图片、表格和书面报告等形式）
National Tree Benefit Calculator	区域、树种、树木直径、附近用地类型	树木碳汇量
Construction Carbon Calculator	园林绿地部分输入植被受干扰的面积、新引入植被的类型、面积和所属地区；建筑部分输入建筑面积、地上层数、地下层数和主要结构系统材料	整个项目的净隐含二氧化碳量
Landscape Carbon Calculator	硬质景观、土地整理、引流、灌溉和中水、雨水、灯光、水景、植物材料、土壤和覆盖、运输、交货、设备12个分类的内容	碳排放总量、12个分类的碳排放量、初始碳封存、年度碳封存、碳中和时间表（包含概要与报告两种形式）
Pathfinder	碳源阶段的铺路材料和场地特征，墙壁、路缘、集流管、栅栏、大门、场地设施、排水、灌溉、地下设施、覆盖物和土壤情况；碳汇阶段的湿地、树木、草坪和灌木等情况；维护阶段的燃气、电力设备以及肥料等内容	碳中和设计计分卡，其中包括碳源、碳汇和维护各阶段的数据、项目实现碳中和的预计年数、碳封存量和项目100年的净影响以及隐含碳概况
CURB	城市环境的基本信息，建筑物、废物和运输等温室气体排放清单等	行动对城市温室气体排放、当地能源的综合影响需求和支出水平
CarboScen	时间跨度、土地性质面积、平衡时的生物质碳密度、生物质转化速率、平衡时的土壤碳密度、土壤碳转化速度等土地利用情况	时间变化下的土地利用分级、生物质碳密度、土壤碳密度、整个景观中的生物质碳密度、整个景观中的土壤碳密度、总景观中的碳密度

5.2.2 不同阶段计算工具的使用

计算工具由于计算范围和输出结果的不同，主要适用于3个不同的使用阶段，包括城乡生态环境全生命周期、绩效评估和科普展示（表5-5）。

表5-5 计算工具使用阶段汇总

名称	计算类别	使用阶段				绩效评估	科普展示
		全生命周期					
		规划统筹	设计更新	施工建造	维护管理		
Embodied Carbon in Construction Calculator	碳排	—	**	**	—	—	—
东南大学东禾建筑碳排放计算分析软件		—	**	**	**	**	**
Integrated Valuation of Ecosystem Services and Trade-offs（InVEST模型）	碳汇	**	—	—	—	—	—
i-Tree综合模块		—	**	—	—	**	—
National Tree Benefit Calculator		—	—	—	—	—	**
Construction Carbon Calculator	碳排和碳汇	—	**	—	—	—	*
Landscape Carbon Calculator		—	**	**	*	**	*
Pathfinder		—	**	*	*	**	*
CURB		**	—	—	—	—	—
CarboScen		**	—	—	—	—	—

注：—表示完全不适宜，* 表示较适宜，** 表示适宜。

5.2.3 不同尺度计算工具的使用

计算工具不仅在使用阶段上有所侧重，在使用尺度上也有很大的区别。根据目前计算工具应用的情况，按照使用的尺度可以划分为公园内部元素、公园、城市开放空间、城乡绿地系统和城乡生态空间（表5-6）。

表5-6 计算工具使用尺度汇总

名称	计算类别	使用尺度				
		公园内部元素	公园	城市开放空间	城乡绿地系统	城乡生态空间
Embodied Carbon in Construction Calculator	碳排	*	*	*	—	—
东南大学东禾建筑碳排放计算分析软件		*	—	—	—	—
Integrated Valuation of Ecosystem Services and Trade-offs（InVEST模型）	碳汇	—	—	—	—	*
i-Tree综合模块		*	*	*	*	*
National Tree Benefit Calculator		*	*	*	—	—

（续）

名　称	计算类别	使用尺度				
		公园内部元素	公园	城市开放空间	城乡绿地系统	城乡生态空间
Construction Carbon Calculator	碳排和碳汇	*	*	*	—	—
Landscape Carbon Calculator		*	*	*	—	—
Pathfinder		*	*	*	—	—
CURB		—	—	*	*	*
CarboScen		—	—	—	*	*

注：—表示不适宜，*表示适宜。

5.2.4　计算工具的使用难度

各个计算工具使用难度存在差异（表5-7）。部分计算工具在官方网站中给出了用户使用指南，但有一些计算工具需要用户进行测试使用后才能熟悉操作。与此同时，计算工具的使用依赖于用户输入数据的有效性和获取数据的难度。基于计算工具输入数据的数量和操作步骤的复杂程度，可将计算工具的使用难度由高到低分为难、中等、易三个等级。

表5-7　计算工具使用难度汇总

名　称	计算类别	使用难度
Embodied Carbon in Construction Calculator	碳排	中等
东南大学东禾建筑碳排放计算分析软件		中等
Integrated Valuation of Ecosystem Services and Trade-offs（InVEST模型）	碳汇	易
i-Tree综合模块		难
National Tree Benefit Calculator		易
Construction Carbon Calculator	碳排和碳汇	易
Landscape Carbon Calculator		中等
Pathfinder		易
CURB		难
CarboScen		易

5.3　碳排放计算工具

5.3.1　Embodied Carbon in Construction Calculator

隐含碳建造计算器（Embodied Carbon in Construction Calculator）可用于计算不同类型建筑材料的碳排放。该计算工具重点关注建筑材料的前期供应链排放，通过输入施工估算或BIM模型的建筑材料数量，结合工具中内置的经第三方验证的数字化环境产品声明（EPD）数据库，可对建筑项目中隐含碳进行基准设定、评估和减排。计算工具可与建筑项目的设计和采购阶段相结合，计算项目的总体内含碳排放量，从而指导制订低碳方案。该工具正在推动建筑低碳解决方案的发展，并激励建筑材料制造商和供应商投资于材料创新，以减少其产品的碳排放。

5.3.1.1 主要方法与策略

Embodied Carbon in Construction Calculator（隐含碳建造计算器）工具的使用指南见表5-8所列（Building Transparency Documentation，2024）。

表5-8 Embodied Carbon in Construction Calculator使用指南

类 别	主 要 内 容
输入数据	建筑项目材料信息，包括类别、数量，并确定每种物料的数字化环境产品声明（EPD）
输出数据	数量汇总报告、建筑构件报表、LEED报表、推荐材料报告、EPD名单、GWP报告、ICMS三个报告
使用步骤	①创建新项目：填写有关项目的基本信息，例如名称、地址等； ②输入材料信息：输入材料数量、类别等相关信息； ③定义元素：在工具内置的数字化环境产品声明（EPD）数据库中搜索各种材料的EPD数据，或自定义材料EPD数据，为每种材料进行定义； ④导出报表：经过工具计算，可以根据工程项目需要，导出多类型的计算结果报表。可导出的报表包括：数量汇总报告、建筑构件报表、LEED报表、推荐材料报告、EPD名单、GWP报告、ICMS三个报告
工具优势	①与主流工程软件相互兼容，能够兼容导入CAD、Revit工程文件； ②内置高质量材料数字化环境产品声明（EPD）数据库，可以快速查找特定材料EPD数据； ③能够自定义材料数据，拓展性良好
使用局限	①适用范围有限，目前工具只能针对建筑工程中材料的隐含碳进行计算； ②工具内置的数字化环境产品声明（EPD）数据库具有地域局限，材料数据源主要集中在西方发达国家，其他国家相关数据存在缺失

5.3.1.2 案例分析

英特飞（Interface）公司总部绿色建筑评估

【项目概况】

该项目为英特飞公司的总部办公楼，是将一座亚特兰大市中心20世纪50年代的办公楼改造成为设施完备的现代化全球总部。项目以绿色节能为建设理念，关注建筑材料中隐含碳水平，使用一系列绿色建筑技术手段以降低建筑的碳排放。

【策略应用】

该项目为了达成LEED v4铂金认证的目标，使用Embodied Carbon in Construction Calculator计算工具，对项目中各类材料数字化环境产品声明EPD进行定义，计算评估建筑隐含碳指标，指导项目可持续方案制定。对于部分缺失EPD的产品，则使用计算工具中的行业平均值进行计算。最终，该项目广泛使用回收建筑材料以减少项目中的隐含碳，施工中用到的所有砖块均来自设计和施工团队的征集和回收，总体转化率可达93%。相比最初建造6500m²新建筑的方案，最终采取的对3700m²原有建筑进行翻新改造的方案减少了364 293kg 二氧化碳和50.48%的隐含碳排放（Rex et al.，2020）。

5.3.2 东南大学东禾建筑碳排放计算分析软件

东南大学东禾建筑碳排放计算分析软件是一款轻量化建筑碳排放计算分析专用软件，其轻量化和专用性特征明显。该工具不仅适用多建筑类型、多气候区域，也可根据不同阶段，提供不同精度的碳排放计算结果，有效支撑不同类型用户的建筑碳排放动态核算与碳减排智能决策。

目前，东禾建筑碳排放计算分析软件2.0版已正式对外发布。相较于1.0版，2.0版除了将碳排放因子库的容量提升一个数量级外，还对软件架构和建筑碳排放计算分析功能进行了重大升级，主要包含：引入区块链技术创新碳排放计算分析的业务流程，采用准稳态模拟思路提升计算结果的精细度，引入Web-BIM技术使计算结果可循可视，自动生成建筑碳排放计算分析报告，推出《民用建筑碳排放计算导则》等方面内容（东南大学土木工程学院，2022）。

主要方法与策略

东南大学东禾建筑碳排放计算分析软件的使用指南见表5-9所列。

表5-9 东南大学东禾建筑碳排放计算分析软件使用指南（钟丽雯 等，2023；孙建伟 等，2024；汪文清 等，2023）

类 别		主 要 内 容
输入数据	建材生产与运输	①东禾格式和广联达格式建材信息（估算混凝土、钢材等主要建材用量，工程造价概算清单或工程造价预决算文件、建材采购文件、供应商清单等）；②同步上传BIM模型数据；③无运输数据时，建材运输过程碳排放量以建材生产阶段的3%~5%计入
	建筑建造与拆除	①机械台班数和规格型号；②自定义该阶段占建材生产阶段的比例
	建筑运行	建筑基本信息、太阳能、热水系统、照明功率及密度、电梯参数、天然气使用量、光伏系统参数数据
	绿化碳汇	绿化面积、种植方式
输出数据		建筑各生命周期阶段（建材生产阶段、建材运输阶段、建筑建造、运营和拆除更新阶段）的碳排放量和比例、绿化碳汇
使用步骤		①新建项目，导入项目BIM模型，输入相关建筑信息；②输入运行阶段信息、建造及拆除信息、建材生产及运输信息；③进行计算与分析，给出概算报告和精算报告

(续)

类别	主要内容
工具优势	①适用于建筑全生命周期的碳排放计算； ②能够提供概算报告和精算报告； ③使用难度中等，对建筑模型的依赖度低，不要求使用者具备熟练建模能力
使用局限	①现实数据缺失的问题较大，缺少行业通用数据库及市场机制； ②无法确定碳排放目标，难以动态控制各阶段的碳排放

5.4 碳汇计算工具

5.4.1 Integrated Valuation of Ecosystem Services and Trade-offs（InVEST 模型）

InVEST模型通过模拟不同土地覆被情景下生态服务系统物质量变化，为决策者权衡人类活动的效益和影响提供科学依据。相较于以往生态系统服务功能评估方法，InVEST模型最大的优点是评估结果的可视化表达，解决了以往生态系统服务功能评估用文字抽象表述而不够直观的问题。

InVEST模型中包含多个计算模块，能够实现对多种生态系统服务的综合评估。其中，碳储量评估模块（Carbon Storage and Sequestration）将生态系统的碳储量划分为四个基本碳库：地上生物碳（土壤以上所有存活的植物中的碳）、地下生物碳（存在于植物活根系统中的碳）、土碳（分布在有机土壤和矿质土中的有机碳）、死亡有机碳（凋落物、倾倒或站立的已死亡树木中的碳）。通过将土地利用数据与四个碳库的碳密度数据输入模型中，即可输出研究区域碳储量的分布图。

5.4.1.1 主要方法与策略

InVEST模型的使用指南见表5-10所列。

表5-10 InVEST模型使用指南

类别	主要内容
输入数据	研究区土地利用数据；研究区地上生物碳、地下生物碳、土壤碳和死亡有机碳的碳密度
输出数据	碳储存量
使用步骤	①获取研究区的土地利用数据； ②查阅相关文献，获取研究区不同土地利用类型的地上生物碳、地下生物碳、土壤碳和死亡有机碳的碳密度数据； ③将上述数据输入模型中进行计算，输出研究区碳储量分布图
工具优势	①所需数据量较少，且数据相对容易获得； ②软件操作简便，运算速度较快； ③能够实现多个历史时期碳储量的动态评估与对比分析，便于进行各类规划研究

(续)

类 别	主 要 内 容
使用局限	①该模型通常使用平均碳密度值，存在无法充分反映不同土地利用类型内部的碳密度空间异质性的问题； ②该模型简化了碳循环过程，忽略了植被年龄等因素对碳密度的影响

5.4.1.2 案例分析

基于气候变化情景的城市尺度土地利用变化动态模拟与碳储量评估——以新疆博尔塔拉蒙古自治州为例

【研究概况】

探讨不同气候变化情景下的未来土地利用与碳储量动态演变特征，对于区域生态系统服务功能的优化以及社会经济可持续发展政策的制定具有重要意义。该研究提出了一个耦合SD模型、PLUS模型和InVEST模型的综合框架，利用CMIP6（第六次国际耦合模式比较计划）提供的气候变化情景，动态模拟城市尺度的土地利用变化和碳储量演变特征。

【结论分析】

该研究根据CMIP6提供的三类气候变化情景，分别是SSP126（低碳排放），SSP245（中等碳排放）与SSP585（高碳排放）。研究结果显示，SSP126和SSP245情景下的土地利用相似，但SSP126情景下的林地扩张更为迅速。SSP585情景下的土地利用与其他两种情景下的土地利用存在显著差异，主要体现在林地面积持续减少，建设用地和耕地快速扩张。预测到2050年，SSP126情景下的碳储量最高（193.20Tg），其次是SSP245情景下（192.75Tg）和SSP585情景下（185.17Tg）。此外，研究还发现，可以通过控制经济和人口增长、促进能源转型和扩大研究区的林地面积来实现碳储量的改善（WANG et al.，2022）。

5.4.2 i-Tree 综合模块

i-Tree 综合模块是城市林业分析和效益评估工具。该计算工具能够通过整合植被与气象的数据，量化城市森林结构、环境影响和社区价值，计算结果可指导资源管理决策和政策制定。计算工具为全项目流程提供了一系列工作组件，主要包括：

①基于统计采样的数据采集协议；
②适用于智能手机、平板电脑或类似设备的移动数据收集器，可用于现场数据收集；
③可用于估算城市森林影响的中央计算引擎；
④摘要报告，包括图表、表格和书面报告。

主要方法与策略

i-Tree 综合模块工具的使用指南见表5-11所列（i-Tree，2021）。

表5-11　i-Tree 综合模块使用指南

类　别	主　要　内　容
输入数据	位置、树种、树木生长信息、预计植物生长年限等。输入数据需要基于场地现状采集，不同分析深度需要采集的原始数据要求不同
输出数据	碳储存量（有图表和书面报告等形式）
使用步骤	①规划项目：根据研究领域与研究基础条件，对项目计划进行规划； ②设置项目：根据项目规划，结合实际条件设置项目详细信息，准备数据采集； ③收集外业数据：结合研究需要采集相关数据，其中每株植株采集的信息主要为物种、胸径，每个地块采集的主要数据为测量百分比、树木覆盖率，不同研究需要的其他数据有所不同； ④i-Tree Eco程序分析：将收集的外业数据导入i-Tree Eco程序进行运算； ⑤导出报告：根据研究需要，导出合适格式的碳储存量报告
工具优势	①工具功能细化，计算结果相比同类工具精确度更高，针对性更强； ②工具多平台多设备兼容，可以借助移动设备高效完成外业数据采集任务，且不同平台数据可进行同步，操作便捷； ③具有高质量物种数据库，可以直接调用
使用局限	①工具支持的地区主要集中在西方发达国家，国内支持此工具的城市较少，仅有北京、合肥、沈阳等城市支持； ②工具外业数据采集审核流程相对烦琐，且对未支持地区的采集数据定制的时间流程较长，需要约半年的时间

5.4.3　National Tree Benefit Calculator

5.4.3.1　概况

National Tree Benefit Calculator（国家树木效益计算器）是在i-Tree的基础上，简化了操作界面、技术路线、数据输入等方面而开发出的树木效益计算器。该工具能够估量的树木效益包括碳汇量、对雨水的影响、对空气的净化能力、对周边建筑的能源影响等（DAVEY，2024）。

National Tree Benefit Calculator（国家树木效益计算器）能够用于计算单棵树的碳汇量。通过树的高度和直径估算研究对象植物的地上生物量，然后将地上生物量换算为固碳量，对研究对象的年固碳量进行估算。该模型中研究对象的年固碳量即研究对象以生物量形式储存的碳的年增量（于洋、王昕歌，2021）。

5.4.3.2　主要方法与策略

National Tree Benefit Calculator（国家树木效益计算器）工具的使用指南见表5-12所列。

表5-12　National Tree Benefit Calculator使用指南（于洋、王昕歌，2021；汪文清 等，2023）

类　别		主　要　内　容
输入数据	植物信息	树种、树木生长状况、树木胸径
	植物所处环境	区域位置、光照条件、树木周边约18m（60英尺）范围内的建筑物情况
输出数据	该单株植物的年收益与未来20年的收益（以美元为单位估算），包括碳汇量、对雨水的影响以及对空气的净化能力三方面效益之和。如果植物周边有建筑，还将输出该植物对附近建筑的能量影响	
	碳汇量	碳封存量、二氧化碳当量
	对雨水的影响	径流减少、降水拦截
	对空气的净化能力	对一氧化碳、臭氧、二氧化氮、二氧化硫、PM2.5的去除能力
	对附近建筑的能源影响	能源消耗（用于制冷和供暖的电力、用于供暖的天然气或石油等燃料），能源消耗排放减少
使用步骤	①在地图上点选研究对象植物所处的区域位置； ②选择树种、树木生长状况、树木胸径、树木生长环境光照条件、树木周边约18m（60英尺）范围内的建筑物情况； ③获得该单株植物的效益结果	
工具优势	①在i-Tree的基础上简化，通过网页使用，操作便捷； ②基础数据通过对植物的实际测量获得，估算结果有较高参考价值； ③乔木、灌木、草本的碳汇量均能计算； ④计算结果有经济价值输出	
使用局限	①仅能对单株植物的碳吸收量进行估算； ②基于北美地区的数据进行开发，基础数据有待进一步本地化优化	

5.4.3.3　案例分析

在纽约市种植行道树减少碳排放的边际成本

【研究概况】

　　该研究使用National Tree Benefit Calculator工具估算了在纽约市不同地点种植和养护二球悬铃木、山樱花、北美乔松、豆梨四类行道树所带来的净碳收益和管理成本。研究的重点在于按碳减排成本由低到高对种植地点进行排序，以确定每种树木的边际成本曲线，从而为该城市的低碳树种选择及其种植区位选取提供依据。

【结论分析】

　　在规划范围内，未来100年建筑物附近种植树木的碳减排平均折现成本为每吨3133~8888美元，其中二球悬铃木因其寿命长、冠幅广而成本最低，豆梨的成本最高。二球悬铃木的碳减排成本在不同种植地点间有很大的变化，范围为每吨1553~7396美元，纽约皇后区和史泰登岛是该树种种植地点的首选，因为附近建筑物比其他行政区的建筑物楼层更少，居住用途更多，建筑物能源消耗更少（Kovacs et al.，2013）。

5.5 混合计算工具

5.5.1 Construction Carbon Calculator

Construction Carbon Calculator（施工排放计算器）是一款针对建筑建造的碳排放免费评估软件（其中也包括建筑景观部分的碳汇计算）。计算着眼于从产品生产、运输到施工地、现场施工整个过程，还考虑到地区位置、场地情况、绿色安装及修复、建筑大小、结构主要材料等因素。在设计初始阶段，只需输入建筑基本信息即可估算。该工具可以估算整个建设项目所包含的二氧化碳，帮助开发商、建筑师和规划师估算项目结构和场地的净碳含量。

软件开发者认为，建造对环境影响尽可能小的新建筑外环境涉及三个重要步骤：减少、更新和抵消。减少（reduce）是少建设，更智能、高效地建设，以保护自然生态系统。更新（renew）是使用可再生能源，恢复原生生态系统，补充天然建筑材料，使用可回收和循环利用的材料。抵消（offset）是计算项目的碳足迹，以便通过资助可再生能源使用和土地保护活动来平衡碳足迹。

工具考虑到了建筑物建造时释放的隐含碳的计算。同时，考虑了建筑材料的平均使用数量，以及将它们运送到现场并安装在建筑物中所产生的碳排放量。该计算器着眼于整个项目，并考虑场地干扰、建筑尺寸和建筑基础材料、景观和生态系统的碳固存作用等因素，而且只需要使用设计过程的早期获得的基本信息即可。

在未来，该工具正在有计划提高计算的准确性，比如精确计算所有类型景观装置的隐含碳、开发家具和室内装饰（地毯、照明、桌子、椅子等）的计算器。另外，工具还针对想要在多个项目阶段以及项目变更和开发时进行估算的项目进行功能提升，例如可以选择保存模型和计算，以便与未来数据输入进行比较。除此之外，该工具希望引导建筑设计和建筑居住者的行为，通过"碳抵消"来解决运营碳排放问题，例如剩余的碳足迹可以通过购买绿色电力（可再生能源生产的电力）来解决。

主要方法与策略

Construction Carbon Calculator（施工排放计算器）工具的使用指南见表5-13所列。

表5-13　Construction carbon calculator使用指南（鞠颖、陈易，2014；李春晖 等，2016）

类　别		主　要　内　容
输入数据	碳源阶段	建筑面积、地上层数、地下层数、地上结构主要材料
	碳汇阶段	生态分区、现有植被类型、设计植被类型、景观面积、设计景观环境覆盖面积
输出数据		本建筑工程共排放的二氧化碳量
使用步骤		①设计阶段：获取建筑和周围环境的基本信息； ②碳数据输入：在面板上输入建筑面积、地上层数、地下层数、地上结构主要材料、生态分区、现有植被类型、设计植被类型、景观面积、设计景观覆盖面积等数据； ③碳数据计算：点击"计算"，获取本建筑工程共排放的二氧化碳量

（续）

类 别	主 要 内 容
工具优势	①简单易行，便于操作； ②可估算项目中的隐含碳； ③即时反馈出设计方案带来的变化，能够量化景观影响，显示整个项目所体现的碳足迹
使用局限	①仅对项目的设计阶段起到了良好的评估作用，可计算材料安装过程中的隐含碳； ②计算因子的精确度有限，例如景观数据仅针对土壤有机碳（SOC），不包括地上生物量（树木、灌木和草），没有考虑每个生态区内土壤特征的变化等； ③该工具最初是为美国项目开发的，其他地区使用受到局限，仅作参考

5.5.2 Landscape Carbon Calculator

Landscape Carbon Calculator（景观碳排放计算器）是一种专门设计用于评估和量化生态环境景观项目中碳排放和碳封存的软件工具。该工具考虑了植被、土壤、使用的材料以及项目实施过程中的其他相关因素，以此计算景观项目的总体碳足迹。该工具由美国环境保护署、气候变化资源中心（CRCC）、美国农业部自然资源保护局（NRCS）等机构开发并提供数据支撑，基于北美地区数据开展计算，且不能够自定义数据，在使用范围上也仅限于北美地区（汪文清 等，2023）。对计算其他区域碳中和具有指导价值。

主要方法与策略

Landscape Carbon Calculator（景观碳排放计算器）工具的使用指南见表5-14所列。

表5-14 Landscape Carbon Calculator使用指南（landfx，2021）

类 别		主 要 内 容
输入数据	碳源阶段	硬质景观、土地整理、引流、灌溉和中水、雨水、灯光、水景
	碳汇阶段	植物材料（草本、灌木、树木）、土壤和覆盖情况
	运营阶段	运输交货、设备
输出数据		碳排放总量、12个分类的碳排放量、初始碳封存、年度碳封存、碳中和时间表（包含概要和报告两种形式）
使用步骤		①建立项目； ②碳数据输入：输入硬质景观、土地整理、引流、灌溉和中水、雨水、灯光、水景、植物材料、土壤和覆盖、运输交货、设备等12个分类的内容； ③碳数据计算：输入所有必要信息后，软件将基于内置的模型和数据库计算项目的碳封存潜力和碳排放量，包括景观安装、维护过程中的排放，以及植物生长过程中的碳封存和土壤碳汇； ④查看结果和报告：计算完成后，软件会展示项目的碳足迹估算结果，包括碳排放总量、12个分类的碳排放量、初始碳封存、年度碳封存、碳中和时间表（包含概要和报告两种形式）
工具优势		①考虑到土壤碳汇，计算结果更加科学； ②输出数据中包括碳中和时间表有助于管理者和政府人员进行操作，并得到直观的分析结果； ③即时反馈对不同设计方案的碳影响比较情况，鼓励设计师探索新的方法和技术，从而实现更高效的碳减排和封存
使用局限		①数据库仅限于北美地区，不同地区的气候、植物种类、建筑等因素差异可能导致工具的推广应用受限； ②计算因子的精确度有限，如植物固碳计算分类没有精确到物种水平，材料组件的数据库不够全面等

5.5.3　Pathfinder

Pathfinder（"探路者"景观碳计算器）主要用于计算与生态环境景观项目相关的温室气体排放和封存。该计算工具目标是服务前期设计优化，帮助设计师从"应对气候变化"的角度，通过碳源、碳汇、碳成本三个方面来评估设计方案，为前期设计决策提供数据支撑。

碳源（"材料"的隐含碳）是与现场安装的建筑材料生产相关的碳排放。对于项目来说，属于"前期排放"，产生于项目建造的初始。碳汇（"植物"）是树木、灌木、草坪和湿地等通过光合作用对二氧化碳的吸收。乔木和灌木的固碳速度随着生长逐年增加，在成熟时达到峰值。碳成本（"运营"产生的碳排）是与肥料和植被维护相关的碳排放（CMG，2020）。

主要方法与策略

Pathfinder（"探路者"景观碳计算器）工具的使用指南见表5-15所列。

表5-15　Pathfinder使用指南

类　别		主　要　内　容
输入数据	碳源阶段	铺路材料和场地特征、墙壁、路缘和集流管、栅栏和大门、场地设施、排水和灌溉、地下设施、覆盖物和土壤情况
	碳汇阶段	湿地、树木、草坪和灌木
	运营阶段	燃气、电力设备以及肥料
输出数据		气候设计计分卡，其中包括碳源、碳汇、维护各阶段的数据、项目实现碳中和的估计年数、碳封存量和100年的净影响，以及隐含碳概况
使用步骤		①设立碳中和目标； ②建立项目：在地图上找到地点，框选设计范围； ③碳数据计算：输入"材料""植物"以及"运营"三个方面的数据，可获得关于碳排放和碳固存的实时反馈，以及该项目的"积极年限"（YTP）或气候积极得分。详细的统计数据将展示在"记分卡"上，并且可以直接导入"生命周期评价"（LCAs）过程；还提供项目的具体设计建议，帮助指导使用者改善项目的碳影响
工具优势		①简单易行，便于操作； ②能够与项目的工作流程以及步骤相结合； ③即时反馈出设计方案优化带来的变化
使用局限		①对项目的评估阶段有限，可测量使用寿命期间的碳排放和碳固存，但没有考虑项目更新时植被和硬景观的大规模清除处理，也不包括材料安装过程中的隐含碳； ②计算因子的精准度有限，例如植物固碳计算分类没有精确到物种水平，植物的生态系统数据来源不够全面等； ③数据的地域性差异不够完善，如电力排放系数没有考虑区域差异等

5.5.4　CURB

CURB（城市可持续发展气候行动）是一种交互式气候行动规划工具，包含六大工作模块，专门用于为城市量身定制不同的行动计划并评估其成本、可行性和影响，确定低碳投资的优先次序，从而帮助城市应对气候变化采取行动。该工具以综合方式辅助城市在六个领域进行行动设计与规划，包括私人建筑、市政建筑和公共照明、发电、固体废物、水和废水以及交通（汪文清 等，2023）。

全球多个城市正在以多种方式使用CURB计算工具，包括制订城市气候行动计划；评估供应商投标建议书，评估投资回报比最高和最环保的计划；优先考虑特定行业或跨行业的投资效益；了解城市现实的能源使用或排放目标；根据成本约束、能源使用目标或排放目标制定和优化行动计划。

主要方法与策略

CURB（城市可持续发展气候行动）工具的使用指南见表5-16所列。

表5-16　CURB使用指南（WORLD BANK GROUP，2024；汪文清 等，2023）

类　别		主　要　内　容
输入数据	城市背景	气候、人口、温室气体排放清单；允许用户设定排放的基准年和目标年
	成本数据	各类能源成本（根据建筑功能和燃料类型分类）；折现率（用于财务分析）
	排放因子	电网能源排放因子、燃料能源排放因子
	增长因子	人口增长、GDP增长、排放增长、自定义增长等
输出数据	排放或能源使用减少目标	
	产生城市排放的子活动、最终用途和材料的详细信息	
	研究城市与其他城市的关键指标比较	
	六大模块定制化行动	私人建筑能源、市政建筑和公共照明、发电、固体废物、水和废水、交通
	定制行动将带来的影响	减排量、减少的能源使用量、实施成本、累积的财务影响、协同效益
使用步骤	①输入有关城市总体情况和部门概况的基本数据； ②设立节能减排目标； ③获得有关研究城市碳排的详细信息、与其他城市的比较结果、定制出的节能减排行动路径及行动影响； ④选择、调整不同的行动组合，实现对城市排放、能源和成本综合影响的效益最大化	
工具优势	①在城市尺度上提供量身定制的分析，针对性强； ②可以在全球范围内通用； ③分析结果以图示形式为主，较直观	
使用局限	①仅针对城市尺度，不适用于公园的碳计算；输入数据主要针对城市建成区，不适用于区域绿地系统； ②适用于规划阶段，对后续设计的指导性不足； ③工具使用难度较大	

5.5.5 CarboScen

CarboScen是一个基于碳密度数据和土地变化数据评估生态环境中碳的简单工具，可以得到时间变化下的土壤碳密度变化和生态系统碳。CarboScen适用于土壤和气候情况在空间上差异较小的生态环境，由于其使用便捷，特别适用于参与性规划的快速评估和教育用途（Larjavaara et al.，2017）。

5.5.5.1 主要方法与策略

CarboScen工具的使用指南见表5-17所列。

表5-17　CarboScen使用指南（汪文清 等，2023）

类别	主要内容
输入数据	时间跨度、土地性质面积、平衡时的生物质碳密度、生物质转化速度、平衡时的土壤碳密度、土壤碳转化速度等土地利用情况
输出数据	时间变化下的土地利用分级、生物质碳密度、土壤碳密度、整个景观中的生物质碳密度、整个景观中的土壤碳密度、总景观中的碳密度
使用步骤	①确定项目位置：绘制地图，表明可能会随着时间的推移而变化的土地范围，并计算土地面积； ②碳数据输入：在工具面板上输入时间跨度、用地类型、平衡时的生物质碳密度、生物质转化速度、平衡时的土壤碳密度、土壤碳转化速度等土地利用情况； ③碳数据计算：输入时间跨度、土地性质面积、平衡时的生物质碳密度、生物质转化速度、平衡时的土壤碳密度、土壤碳转化速度等土地利用情况
工具优势	①简单易行，便于操作； ②可以通过自定义输入计算碳密度来估算生态系统中的碳，不具有地区限制； ③反馈出规划方案在未来土地类型变化中带来的效益
使用局限	①对项目的设计等阶段效果有限，仅适用于土地类型变化下的碳影响估算，在区域绿地系统的规划阶段使用价值更高； ②计算因子的精准度有限，目前的版本中仅包括耕地和森林两种土地用途

5.5.5.2 案例分析

保护资金可以留给碳金融吗？——来自秘鲁、印度尼西亚、坦桑尼亚和墨西哥未来土地利用情景的证据

【研究概况】

碳收益一直被视为支持森林保护的重要工具。但同时，土地利用减排举措能够合理预期收益值也存在不确定性。研究在秘鲁、印度尼西亚、坦桑尼亚和墨西哥四个国家的八个景观中模拟了不同的未来土地利用情景。利用碳计算工具CarboScen对这些未来情景构建的结果进行分析，计算不同未来土地利用情景的环境碳储量。

【结论分析】

为了计算八个未来情景的碳影响，研究者利用碳计算工具CarboScen来计算特定预测下不同土地利用类别之间随时间变化的景观碳储存情况。首先设置每个土地利用类别的初始土地面积，并根据未来出现的场景输入土地利用类别之间的变化。其中，碳密度取决于过去的土地利用、当前的土地利用以及土地利用变化以来的时间。研究结果表明，碳储存或减排的潜在收入在某些生态环境（尤其是印度尼西亚的泥炭森林）中非常重要，而在其他生态环境（如桑给巴尔的低碳森林和坦桑尼亚内陆）中则不那么重要。这些发现对许多依赖于未来碳融资收入的保护计划的可行性提出了质疑。基于未来情景的研究对政策制定者和保护项目开发者具有指导价值，它有助于区分碳融资，可以大力支持保护的生态环境，同时也识别出其他应优先考虑保护的生态环境（Ashwin et al.，2017）。

小　结

城乡生态环境碳中和的效益需要借助相关计算工具进行量化分析。不同计算工具在计算范围和计算因子上存在显著差异。例如，部分工具仅针对特定地区或特定类型的城乡生态环境碳汇进行计算。此外，计算因子的数据来源和准确性也直接影响计算结果的可靠性，不同工具在计算因子的选择和处理上有所不同，导致计算结果可能存在一定的不确定性。在地区适用性方面，大多数计算工具的开发和应用都具有一定的区域性特征，如针对北美地区开发的工具在全球范围内的适用性受限。因此，在实际应用中，需要根据研究区域的实际情况选择合适的计算工具，并进行必要的本土化优化。同时，目前中国官方用于城乡生态环境的碳计算工具较少，国际上的工具在国内使用仍面临诸多限制，亟须加快开发适用于我国本土的城乡生态环境碳计算工具。

针对现有计算工具的局限性，未来城乡生态环境碳中和计算工具应加强对全生命周期碳足迹的计算研究，特别是规划和运营管理阶段的碳计算工具开发。应提高计算工具的准确性，减少输入数据和计算因子的不确定性。此外，应加快开发适用于我国的城乡生态环境碳计算工具，以满足国内相关行业和领域的实际发展需求。

思考题

1. 如何借助碳计算工具更好地发挥城乡生态环境的碳中和作用？
2. 现有碳中和计算工具在哪些方面存在局限性？未来应如何发展？

参考文献

巴奈特，2021. 气候变化如何改变城市设计[J]. 风景园林，28（8）：10-17.

巴曙松，彭魏倬加，2022. 英国绿色金融实践：演变历程与比较研究[J]. 行政管理改革（4）：105-115.

包志毅，马婕婷，2011. 试论低碳植物景观设计和营造[J]. 中国园林，27（1）：7-10.

北京市园林绿化局. 温榆河公园-踏上郊野湿地[EB/OL].（2021-02-19）[2024-06-22]. https://yllhj.beijing.gov.cn/sdlh/bhsdbhdqzs/sdzx/tsjysd/202103/t20210304_2298998.shtml.

卞晴，赵晓龙，刘笑冰，2020. 水体景观气候调节性研究进展与展望[J]. 风景园林，27（6）：88-94.

曹萍，陈绍伟，2004. 城市废弃物混合堆肥处理的工艺研究[J]. 环境卫生工程（1）：14-16.

陈达，2001. 现代绿色物流管理及其策略研究[J]. 中国人口·资源与环境（2）：112-114.

陈寿岭，赵谷风，袁敏，2015. 可持续城市绿地在现代棕地治理再开发中的创新性应用——以AECOM伦敦奥林匹克公园项目为例[J]. 中国园林，31（4）：16-19.

戴星翼，陈红敏，2010. 城市功能与低碳化关系的几个层面[J]. 城市观察（2）：87-93.

东南大学土木工程学院. "东禾建筑碳排放计算分析软件2.0版"正式发布[EB/OL].（2022-03-25）[2024-03-02]. https://civil.seu.edu.cn/2022/0328/c19885a402929/page.htm.

董丽，王向荣，2013. 低干预·低消耗·低维护·低排放——低成本风景园林的设计策略研究[J]. 中国园林，29（5）：61-65.

董延梅，章银柯，郭超，等，2013. 杭州西湖风景名胜区10种园林树种固碳释氧效益研究[J]. 西北林学院学报，28（4）：209-212.

杜为研，唐杉，汪洪，2020. 我国有机肥资源及产业发展现状[J]. 中国土壤与肥料（3）：210-219.

付军，2011. 城市立体绿化技术[M]. 北京：化学工业出版社.

傅徽楠，2004. 城市特殊绿化空间研究的历史、现状与发展趋势[J]. 中国园林（11）：40-42.

高曼堤，2017. 基于植物净水的城市河道景观设计[D]. 北京：北京林业大学.

郭丽玲，潘萍，欧阳勋志，等，2018. 赣南马尾松天然林不同生长阶段碳密度分布特征[J]. 北京林业大学学报，40（1）：37-45.

郭婷婷，2023. 碳中和视角下公园绿地植物群落优化[D]. 杭州：浙江农林大学.

韩羽佳，李文，王敬仪，2020. 北方城市住区水景设计对微气候影响实测研究——以哈尔滨市五分钟生活圈高层居住区为例[J]. 生态经济，36（4）：224-229.

贺红早，周运超，张春来，2017. 土壤与植物根系特征及碳积累探究[J]. 中国岩溶，36（4）：463-469.

贺坤，秦祯研，王本耀，等，2023. 见"微"知著——城市小微绿地研究的现状、前沿及展望[J]. 园林，40（11）：89-97.

胡欣，2023. 城市公园低维护植物景观设计的研究[D]. 合肥：安徽农业大学.

胡振琪，理源源，李根生，等，2023. 碳中和目标下矿区土地复垦与生态修复的机遇与挑战[J]. 煤炭科学技术，51（1）：474-483.

黄国勤，王兴祥，钱海燕，等，2004. 施用化肥对农业生态环境的负面影响及对策[J]. 生态环境（4）：656-660.

黄俊达，2017. 土壤在中国海绵城市建设中的作用研究进展综述[J]. 风景园林（9）：106-112.

黄骏，刘宇峰，林燕，2020. 新加坡大学校园建筑绿化空间设计策略研究[J]. 南方建筑（2）：112-119.

黄林，周立江，王峰，等，2009. 红壤丘陵区典型植被群落根系生物量及碳储量研究[J]. 水土保持学报，23（6）：134-138.

黄柳菁，张颖，邓一荣，等，2017. 城市绿地的碳足迹核算和评估——以广州市为例[J]. 林业资源管理（2）：65-73.

黄通，曹悦，刘峰，2022. 碳中和主题公园——北京温榆河公园·未来智谷（一期）设计探索与实践[J]. 风景园林，29（5）：59-63.

金云峰，高一凡，沈洁，2018. 绿地系统规划精细化调控——居民日常游憩型绿地布局研究[J]. 中国园林，34（2）：112-115.

鞠颖，陈易，2014. 全生命周期理论下的建筑碳排放计算方法研究——基于1997—2013年间CNKI的国内文献统计分析[J]. 住宅科技，34（5）：32-37.

李宝章，王玉萍，颜佳，等，2023. 低碳未来与企业责任：气候变化影响下风景园林碳中和实施路径[J]. 世界建筑导报，38（1）：28-30.

李仓拴，刘晖，杨伊婷，等，2019. 西北干旱城市破碎化绿地生境的植物群落设计途径研究[J]. 风景园林，26（2）：88-93.

李春晖，刘颂，周腾，等，2016. 美国景观绩效系列（LPS）工具应用进展[C]//中国风景园林学会. 中国风景园林学会2016年会论文集. 北京：中国建筑工业出版社.

李倞，2011. 现代城市景观基础设施的设计思想和实践研究[D]. 北京：北京林业大学.

李倞，吴佳鸣，汪文清，2022. 碳中和目标下的风景园林规划设计策略[J]. 风景园林，29（5）：45-51.

李倞，徐析，2015. 巴塞罗那交通基础设施的公共空间再生计划1980—2014[J]. 风景园林（9）：77-82.

李倞，徐析，陈瑶，2015. 多级人工湿地在风景园林中的应用研究——以西德维尔友谊学校为例[J]. 风景园林（6）：39-45.

李艳霞，赵莉，陈同斌，2002. 城市污泥堆肥用作草皮基质对草坪草生长的影响[J]. 生态学报（6）：797-801.

厉桂香，于田利，牛超然，等，2023. 园林废弃物资源化利用及堆肥技术研究进展[J]. 现代园艺，46（24）：120-122.

林辰松，戈晓宇，邵明，等，2016. 城市公园中水利用策略研究[J]. 工业建筑，46（8）：65-68，149.

刘珂秀，马椿栋，陈威，等，2020. 面向小气候热舒适性的滨水景观规划设计探索[J]. 风景园林，27（11）：104-109.

刘强，陈玲，邱家洲，等，2010. 污泥堆肥对园林植物生长及重金属积累的影响[J]. 同济大学学报（自然科学版），38（6）：870-875.

刘天翔，郑雯芳，郑卫国，等，2021. 城市固体废弃物在园林景观中的应用[J]. 现代园艺，44（15）：118-120.

刘秀梅，罗奇祥，冯兆滨，等，2007. 我国商品有机肥的现状与发展趋势调研报告[J]. 江西农业学报（4）：49-52.

刘瑜，赵佳颖，周晚来，等，2020. 城市园林废弃物资源化利用研究进展[J]. 环境科学与技术，43（4）：32-38.

伦飞，李文华，王震，等，2012. 中国伐木制品碳储量时空差异[J]. 生态学报，32（9）：2918-2928.

罗玉兰，张冬梅，张浪，等，2022. 基于"双碳"战略目标的城市绿化树种筛选及配置研究——以上海世博公园为例[J]. 园林，39（1）：25-32.

骆天庆，李维敏，2018. 高机动化水平下的公园步行到访及其意向分层——洛杉矶市的启示[J]. 同济大学学报（社会科学版），29（1）：66-74.

闾邱杰，曹景怡，2023. 低成本高效能的生态化污水处理系统——飞来峡海绵公园[J]. 风景园林，30（6）：77-81.

马恩朴，蔡建明，林静，等，2021. 国外城市农业的角色演变、潜在效益及其对中国的启示[J]. 世界地理研究，30（1）：136-147.

玛莎·施瓦茨，伊迪丝·卡茨，2020. 设计师的地球工程"工具箱"：危机给予风景园林师扭转，修复和再生地球气候的机会[J]. 风景园林，27（12）：10-25.

毛小红，徐刚，寿建芳，2023. 智慧园林绿化管理信息平台设计与实现[J]. 测绘与空间地理信息，46（2）：94-96，100.

宁川川，王建武，蔡昆争，2016. 有机肥对土壤肥力和土壤环境质量的影响研究进展[J]. 生态环境学报，25（1）：175-181.

潘宝宝，2014. 洪泽湖湿地水生植物群落碳储量研究[D]. 南京：南京林业大学.

钱新锋，赏国锋，沈国清，2012. 园林绿化废弃物生物质炭化与应用技术研究进展[J]. 中国园林，28（11）：101-104.

曲格平，1994. 环境科学词典[M]. 上海：上海辞书出版社.

曲格平，2002. 关注生态安全之一：生态环境问题已经成为国家安全的热门话题[J]. 环境保护（5）：3-5.

沈清基，2012. 城乡生态环境一体化规划框架探讨——基于生态效益的思考[J]. 城市规划，36（12）：33-40.

沈清基，洪治中，安纳，2020. 论设计气候效应：兼论气候变化下的设计应对策略[J]. 风景园林，27（12）：26-31.

沈阳应用生态研究所. 土壤微生物碳泵开启陆地固碳新篇章[EB/OL].（2017-09-05）[2024-6-23]. https://www.cas.cn/zkyzs/2017/09/118/kyjz/201709/t20170912_4614092.shtml.

师卫华，季珏，张琰，等，2019. 城市园林绿化智慧化管理体系及平台建设初探[J]. 中国园林，35（8）：134-138.

孙建伟，蒋世龙，马义奎，等，2024. 建筑碳排放软件对比分析及计算研究[J]. 建筑施工，46（1）：48-51.

孙林岩，王蓓，2005. 逆向物流的研究现状和发展趋势[J]. 中国机械工程（10）：928-934.

孙武，沈子桐，乔志强，等，2021. 城市主城区立体模型的构建与风环境模拟——以广州主城区为例[J]. 生态学报，41（7）：2632-2641.

唐国，胡雷，宋小艳，等，2022. 高寒草甸植物群落不同根序根系特征对降雨量变化的响应[J]. 生态学报，42（15）：6250-6264.

童家靖，黄伟，黎秀琼，等，2018. 我国园林绿地的碳汇研究进展[J]. 热带生物学报，9（1）：117-122.

汪洁琼，王蓉蓉，宋昊洋，等，2023. 表面流人工湿地Delft 3D水动力数值模拟与空间形态设计研究[J]. 中国园林，39（3）：40-45.

汪文清，吴佳鸣，李惊，2023. 园林绿地碳中和相关计算工具汇总分析与应用研究[C]//中国风景园林学会.中国风景园林学会2022年会论文集.北京：中国建筑工业出版社.

王佳,王思思,车伍,等,2012.雨水花园植物的选择与设计[J].北方园艺（19）：77-81.

王兰,廖舒文,赵晓菁,2016.健康城市规划路径与要素辨析[J].国际城市规划,31（4）：4-9.

王里奥,陶玉,罗书鸾,等,2010.利用城市污泥堆肥及建筑弃土种植麦冬研究[J].环境工程学报,4（10）：2367-2372.

王琳,2023.低碳视角下泰安泮河中央公园规划设计研究[D].泰安：山东农业大学.

王敏,石乔莎,2015.城市绿色碳汇效能影响因素及优化研究[J].中国城市林业,13（4）：1-5.

王敏,石乔莎,2016.城市高密度地区绿色碳汇效能评价指标体系及实证研究——以上海市黄浦区为例[J].中国园林,32（8）：18-24.

王敏,宋昊洋,2022.影响碳中和的城市绿地空间特征与精细化管控实施框架[J].风景园林,29（5）：17-23.

王敏,朱安娜,汪洁琼,等,2019.基于社会公平正义的城市公园绿地空间配置供需关系——以上海徐汇区为例[J].生态学报,39（19）：7035-7046.

王明月,2013.基于微气候改善的城市景观设计[D].南京：南京林业大学.

王瑞辉,2006.北京主要园林树种耗水性及节水灌溉制度研究[D].北京：北京林业大学.

王绍飞,2023.黄土高原典型人工林深层根系吸水与土壤固碳关系研究[D].杨凌：西北农林科技大学.

王淑芬,杨乐,白伟岚,2009.技术与艺术的完美统———雨水花园建造探析[J].中国园林,25（6）：54-57.

王薇,程歆玥,2020.垂直绿墙对建筑环境的影响研究综述[J].安徽建筑大学学报,28（5）：76-83.

王向荣,林箐,李洋,等,2019.江洋畈生态公园[J].城市环境设计（1）：188-205.

王雪,李海洋,周云,等,2013.哈尔滨建设节水型园林绿地改进建议[J].北方园艺（1）：78-81.

王贞,万敏,2010.低碳风景园林营造的功能特点及要则探讨[J].中国园林（6）：35-38.

翁许凤,2012.基于碳汇理念下的城市景观生态设计应用研究[D].天津：天津大学.

吴佳鸣,刘怡宁,李惊,2023.促进公众参与气候变化应对的风景园林干预途径[J].华中农业大学学报,42（4）：7-15.

吴雷祥,吴星五,张向阳,2008.高含水率垃圾与污泥混合堆肥实验研究[J].环境科学与技术（9）：123-125.

向璐璐,李俊奇,邝诺,等,2008.雨水花园设计方法探析[J].给水排水（6）：47-51.

徐昉,李明慧,施以,等,2023.基于双碳目标的园林植物景观营建策略研究——以北京市海淀公园为例[J].园林,40（1）：34-41.

徐可西,詹冰倩,姜春,等,2024.碳排放约束下的城市空间格局优化：理论框架、指标体系与实践路径[J].自然资源学报,39（3）：682-696.

许恩珠,李莉,陈辉,等,2018.立体绿化助力高密度城市空间环境质量的提升——"上海立体绿化专项发展规划"编制研究与思考[J].中国园林,34（1）：67-72.

严玲璋,郑林森,陈伟峰,2009.也谈"园林自然化"——以"官胁昭法"建造生态绿地[J].园林（4）：46-48.

杨威,王里奥,谭文发,等,2013.建筑弃土与污泥堆肥混合配制营养土对园林植物的影响[J].环境工程学报,7（3）：1163-1168.

叶宏, 2015. 全球气候变化背景下低碳园林设计与营造研究[D]. 北京: 北京林业大学.

叶静, 岳巍, 郑纪慈, 等, 2002. 污泥营养基质培育草坪草的效果[J]. 浙江农业科学 (5): 34-36.

于超群, 齐海鹰, 张广进, 等, 2016. 基于低碳理念的园林植物景观设计研究——以济南市城区典型绿地为例[J]. 山东林业科技, 46 (5): 10-15.

于洋, 王昕歌, 2021. 面向生态系统服务功能的城市绿地碳汇量估算研究[J]. 西安建筑科技大学学报 (自然科学版), 53 (1): 95-102.

虞金龙, 2021. 城市立体绿化的创新探索[J]. 中国园林, 37 (12): 6-13.

袁海英, 2017. 高污染城市河流初期雨水一体化截污系统研究[J]. 人民珠江, 38 (1): 73-78.

曾忠忠, 2008. 城市湿地的设计与分析——以波特兰雨水花园与成都活水公园为例[J]. 城市环境设计 (1): 83-85.

张博通, 雒晶晶, 高敏, 2024. 双碳目标导向下城市公园高固碳植物群落设计研究[J]. 工程建设与设计 (4): 102-104.

张桂莲, 仲启铖, 张浪, 2022. 面向碳中和的城市园林绿化碳汇能力建设研究[J]. 风景园林, 29 (5): 12-16.

张盼盼, 2022. 智慧园林大背景下的公园园林绿化与养护管理探析[J]. 智慧农业导刊, 2 (6): 4-6.

张琴, 郎靖宇, 李捷, 2023. 基于低碳模式的城市街道景观模块化设计研究[J]. 装饰 (4): 142-144.

张青萍, 李婷婷, 徐英, 2011. 上海世博园区建筑废弃物资源化利用技术研究[J]. 中国园林, 27 (3): 9-13.

张清, 2011. 人工湿地的构建与应用[J]. 湿地科学, 9 (4): 373-379.

张任菲, 苏俊伊, 杨瑞莹, 等, 2021. 低碳园林构建策略探析[J]. 景观设计 (4): 16-21.

张善峰, 宋绍杭, 王剑云, 2012. 低影响开发——城市雨水问题解决的景观学方法[J]. 华中建筑, 30 (5): 83-88.

张伟, 车伍, 王建龙, 等, 2011. 利用绿色基础设施控制城市雨水径流[J]. 中国给水排水, 27 (4): 22-27.

张炜. 柏林滕伯尔霍夫机场[EB/OL]. (2014-06-22) [2024-06-23]. http://www.youthla.org/2014/06/up-in-the-air/.

张雯, 2018. 节约型园林背景下城市废弃物在景观中的应用研究[D]. 西安: 西安建筑科技大学.

赵广琦, 沈烈英, 王智勇, 等, 2011. 城市污泥堆肥对12种花灌木生长的影响[J]. 西北林学院学报, 26 (5): 87-90.

赵华, 2020. 碳减排视角下城市空间形态优化研究[D]. 上海: 华东理工大学.

赵荣钦, 余娇, 肖连刚, 等, 2021. 基于"水—能—碳"关联的城市水系统碳排放研究[J]. 地理学报, 76 (12): 3119-3134.

赵婷, 2013. 现代城市公共空间人工水景绿色设计策略研究[D]. 长沙: 湖南师范大学.

钟丽雯, 于江, 祝侃, 等, 2023. 建筑全生命周期碳排放计算分析及软件应用比较[J]. 绿色建筑, 15 (2): 70-75.

周文辉, 2023. 浅谈城市园林绿地节水灌溉模式与系统设计[J]. 四川水泥 (11): 96-98.

周娴, 陈德敏, 2019. 公众参与气候变化应对的反思与重塑[J]. 中国人口·资源与环境, 29 (10): 115-123.

周志宇, 康健, 舒平, 等, 2023. 建筑布局对住区风热环境的影响分析与优化策略[J]. 济南大学学报

（自然科学版），37（3）：349-361.

朱红霞，王铖，2004. 垂直绿化——拓宽城市绿化空间的有效途径[J]. 中国园林（3）：31-34.

朱俊丽，2017. 城市建筑业绿色物流发展对策研究[J]. 广西经济管理干部学院学报，29（2）：39-43.

朱明秋，曹建华，郭芳，2007. 基于碳酸盐岩风化的碳源分析及土壤的影响作用机制[J]. 中国岩溶（3）：202-206.

朱悦，何品晶，章骅，2023. 上海市园林废弃物产生与利用现状、难点及对策分析[J]. 环境卫生工程，31（3）：15-23.

祝遵凌，2022. 智慧园林研究进展[J]. 中南林业科技大学学报，42（11）：1-15.

庄贵阳，2021. 我国实现"双碳"战略目标面临的挑战及对策[J]. 人民论坛（18）：50-53.

AALTO UNIVERSITY. Hiilipuisto-Carbon Park[EB/OL].（2020-10-12）[2024-06-23]. https://www.aalto.fi/en/department-of-architecture/hiilipuisto-carbon-park.

ABDELGAWAD H，ZINTA G，HAMED B A，et al.，2020. Maize roots and shoots show distinct profiles of oxidative stress and antioxidant defense under heavy metal toxicity[J]. Environmental Pollution，258.

AILA. Climate Positive Design-Action Plan for Australian Landscape Architects[EB/OL].（2022）[2024-09-04]. https://www.aila.org.au/common/Uploaded%20files/_AILA/Governance/Other/CLIMATE_POSITIVE_DESIGN_Action_plan_for_LAs.pdf.

ALLISON S K，MURPHY S D，2017. Routledge Handbook of Ecological and Environmental Restoration[M]. London：Routledge.

ARCHITECTURE AND URBAN DESIGN. Parque Lineal del Gran Canal[EB/OL].（2020-11-04）[2024-06-22]. https://www.archdaily.mx/mx/950782/parque-lineal-recupera-espacio-historico-del-gran-canal-en-la-ciudad-de-mexico.

ASHWIN RAVIKUMAR，MARKKU LARJAVAARA，ANNE LARSON，et al.，2017. Can conservation funding be left to carbon finance? Evidence from participatory future land use scenarios in Peru，Indonesia，Tanzania，and Mexico[J]. Environmental Research Letters，12（1）：014015.

ASLA. Smart Policies for a Changing Climate[EB/OL].（2018-06）[2024-06-23]. https://www.asla.org/uploadedFiles/CMS/About__Us/Climate_Blue_Ribbon/climate%20interactive3.pdf.

AUBE欧博设计．零碳公园：深圳City Walk新标地[EB/OL].（2023-08-09）[2024-06-23]. https://www.gooood.cn/zero-carbon-park-a-fresh-destination-for-shenzhens-city-walk-by-aube.htm.

BACKER R，ROKEM J S，ILANGUMARAN G，et al.，2018. Plant growth-promoting rhizobacteria：context, mechanisms of action，and roadmap to commercialization of biostimulants for sustainable agriculture[J]. Frontiers in plant science，9：1473.

BERLINER. Berlin's food forests：An urban agricultural revolution[EB/OL].（2022-05-20）[2024-06-23]. https://www.the-berliner.com/berlin/berlins-food-forests-an-urban-agricultural-revolution/.

Building Transparency Documentation[EB/OL].（2024-05-27）[2024-06-23]. https://docs.buildingtransparency.org.

CALKINS M，2008. Materials for sustainable sites：a complete guide to the evaluation，selection，and use of sustainable construction materials[M]. John Wiley & Sons.

CALKINS M，2012. The sustainable sites handbook：A complete guide to the principles，strategies，and best practices for sustainable landscapes[M]. John Wiley & Sons.

CARBON POSITIVE AUSTRALIA. Tootanellup，WA[EB/OL].（2023-11-22）[2024-6-23]. https://carbonpositiveaustralia.org.au/our-work/planting-projects/tootanellup-wa/.

CARBONPLACE. Opening the carbon market to the world[EB/OL].（2024-03-11）[2024-06-23]. https://carbonplace.com/about/.

CHEN B，CHEN Z，2009. Sorption of naphthalene and 1-naphthol by biochars of orange peels with different pyrolytic temperatures[J]. Chemosphere，76（1）：127-133.

CLIMATE POSITIVE DESIGN. Climate-Positive-Design_Design-Toolkit[EB/OL].（2023）[2024-08-25] https://climatepositivedesign.com/education/design-toolkit/.

CMG. Landscape Carbon Calculatort/Pathfinder[EB/OL].（2020）[2024-06-23]. https://climatepositivedesign.com/resources/data-report/.

COPENHAGEN. Copenhagen Climate Adaptation Plan[EB/OL]. [2024-06-23]. www.kk.dk/klima.

CSLA AAPC. Nature-Based Solutions By Design – Landscape Architecture In Canada[EB/OL].（2020）[2024-09-04]. https://www.csla-aapc.ca/sites/csla-aapc.ca/files/NBS%20Paper%20Final%20Draft%20May%2026%202021%20(2).pdf.

CUI L，WANG J，SUN L，et al.，2020. Construction and optimization of green space ecological networks in urban fringe areas：A case study with the urban fringe area of Tongzhou district in Beijing[J]. Journal of Cleaner Production，276：124266.

DAVEY. National Tree Benefit Calculator | Davey Tree[EB/OL]. [2024-03-02]. https://www.davey.com/residential-tree-services/tree-benefit-calculator/.

DHAWAN K，TOOKEY J，GHAFFARIANHOSEINI A，et al.，2022. Greening Construction Transport as a Sustainability Enabler for New Zealand：A Research Framework[J/OL]. Frontiers in Built Environment，8：781958.

DREAMDECK. 无锡零碳示范项目｜碳循环之光：绿色点亮计划[EB/OL].（2023-12-26）[2024-06-23]. https://mp.weixin.qq.com/s/aHwJUMatjPXHrmUKJTHHkA?poc_token=HF13g2ajyaXlOojgaznjP9mhXYtb8qC_Gde4kpxl.

DREXLER S，GENSIOR A，DON A，2021. Carbon sequestration in hedgerow biomass and soil in the temperate climate zone[J]. Regional Environmental Change，21（3）：74.

DU N C，NGOC V T，HOANG D M，2023. Employing Local Labor：Corporate Social Responsibility to the Community and Strategies for Human Resource Stabilization in Production[M]. Singapore: Springer Nature Singapore. Laws on Corporate Social Responsibility and the Developmental Trend in Vietnam，139-157.

ERICA C，SHIFT C. Professionals'Best Practices for Low Carbon Resilience-Summary of Phase One Engagement of Professionals and Professional Associations and Proposed Research Agenda[EB/OL].（2018）[2024-09-04]. https://www.aila.org.au/common/Uploaded%20files/_AILA/Resource%20library/Climate%20Positive%20Design/CSLA_Adaptation_to_climate_change_best_practices_for_low_carbon_resilience.pdf.

FAN C，CUI Y，ZHANG Q，et al.，2023. A critical review of the interactions between rhizosphere and biochar during the remediation of metal（loid）contaminated soils[J]. Biochar，5（1）：87.

FELD FOOD FOREST. Welcome to Feld Food Forest[EB/OL].（2024-06-23）[2024-06-23]. https://www.feldfoodforest.org/.

FRIENDS OF LORDSHIP RECREATION GROUND. Lordship Rec Management Plan 2015-2025[EB/OL].（2015-06-24）[2024-06-23]. https://lordshiprec.org.uk/lordship-rec-management-plan-2015-2025/.

GLOBAL HEAT HEALTH INFORMATION NETWORK. Strategies for Cooling Singapore[EB/OL].（2017）[2024-06-22]. https://ghhin.org/resources/strategies-for-cooling-singapore/.

IEA. Direct Air Capture-A key technology for net zero[EB/OL].（2022）[2024-6-23]. https://www.iea.org/reports/direct-air-capture-2022.

IPCC，Global Warming of 1.5°C [EB/OL].（2018）[2024-12-15]. https://www.ipcc.ch/sr15/.

i-Tree. i-Tree EcoV6 User's Manual[EB/OL].（2021-09-22）[2024-06-23]. https://www.itreetools.org/documents/275/EcoV6_UsersManual.2021.09.22.pdf.

IUCN. Guidance for using the IUCN Global Standard for Nature-based Solutions. [EB/OL].（2020-07-22）[2023-12-13]. https://portals.iucn.org/library/node/49071.

JOSEPH ROWNTREE FOUNDATION. Local Labour in Construction：Tackling Social Exclusion and Skill Shortages [EB/OL].（2020）[2024-12-20]. https://www.jrf.org.uk/sites/default/files/migrated/migrated/files/n80.pdf.

KOVACS K F，HAIGHT R G，JUNG S，et al.，2013. The marginal cost of carbon abatement from planting street trees in New York City[J]. Ecological Economics，95（1）：1-10.

KUSS G. Write Park Management Plans[EB/OL].（2015-09-01）[2024-06-23]. https://www.slideshare.net/slideshow/wrightparkmgmtplan/52304213.

LANDFX. Landscape Carbon Calculation[EB/OL].（2021-10-01）[2024-06-23]. https://www.landfx.com/videos/webinars/item/6266-landscape-carbon-calculation.html.

LANDSCAPE ARCHITECTS OF BANGKOK. 2016 ASLA 通用设计类荣誉奖：曼谷都市森林公园 / Landscape Architects of Bangkok[EB/OL].（2016-11-17）[2024-06-22]. https://www.gooood.cn/2016-asla-the-metro-forest-project-bangkok-by-landscape-architects-of-bangkok.htm.

LARJAVAARA M，KANNINEN M，ALAM S A，et al.，2017. CarboScen：a tool to estimate carbon implications of land. use scenarios[J]. ECOGRAPHY，40（7）：894-900.

LARSEN K，BARKER-REID F，2009. Adapting to climate change and building urban resilience in Australia[J]. Urban Agriculture Magazine，2：22-24.

LYNN D. Landscape Design for Carbon Sequestration[EB/OL].（2020）[2024-03-26]. https://www.asla.org/2020studentawards/1313.html.

MACFARLANE R，2000. Using local labour in construction[M]. Bristol：The Policy Press.

MARTIN C. Viewpoint：Climate Positive Design：It's Time[EB/OL].（2021-02-02）[2024-06-23]. https://landscapeaustralia.com/articles/viewpoint-climate-positive-design-its-time/.

MAYOR BILL DE BLASIO. Cool Neighborhoods NYC[EB/OL].（2017）[2024-07-01]. https://www.nyc.gov/assets/orr/pdf/Cool_Neighborhoods_NYC_Report.pdf.

MORONI T M，MORRIS M D，SHAW C，et al.，2015. Buried Wood: A Common Yet Poorly

Documented Form of Deadwood[J]. Ecosystems, 18（4）: 605-628.

MUSCAS D, ORLANDI F, PETRUCCI R, et al., 2024. Effects of urban tree pruning on ecosystem services performance[J]. Trees, Forests and People, 15: 100503.

OPENGOV. Software Built For Parks & Recreation[EB/OL].（2024）[2024-06-23]. https://opengov.com/software-for/park-management/.

PERROW M R, DAVY A J, 2002. Handbook of Ecological Restoration: Volume 1: Principles of Restoration[M]. Cambridge: Cambridge University Press.

RAMBOLL STUDIO DREISEITL, 2019. 生物友好型设计——新加坡裕廊湖畔花园[J]. 风景园林, 26（10）: 78-83.

ROGERSON R, HORGAN D, ROBERTS J J, 2021. Integrating artificial urban wetlands into communities: a pathway to carbon zero? [J]. Frontiers in Built Environment, 7: 777383.

ROSENBERG E, 1996. Public Works and Public Space: Rethinking the Urban Park[J]. Journal of Architectural Education, 50（2）: 89-103.

RUEFENACHT L, ACERO J A, 2017. Strategies for Cooling Singapore: A catalogue of 80+ measures to mitigate urban heat island and improve outdoor thermal comfort[M]. Singapore: National Research Foundation.

SALK. 利用植物倡议[EB/OL].（2024-03-20）[2024-6-23]. https://www.Salk.edu/zh-CN/%E5%88%A9%E7%94%A8%E6%A4%8D%E7%89%A9%E5%80%A1%E8%AE%AE/.

SCOTTISH GOVERNMENT. UK emissions trading scheme[EB/OL].（2020-06-01）[2024-08-25]. https://www.gov.scot/policies/climate-change/emissions-trading-scheme/.

SINGAPORE GREENPLAN. The Singapore Green Plan 2030[EB/OL].（2021-02-01）[2024-02-15]. https://www.Greenplan.Gov.sg/.

TAMMEORG P, SORONEN P, RIIKONEN A, et al., 2021. Co-designing urban carbon sink parks: case carbon lane in Helsinki[J]. Frontiers in Environmental Science, 9: 672468.

WANG J, XIE J, LI L, et al., 2021. The impact of fertilizer amendments on soil autotrophic bacteria and carbon emissions in maize field on the semiarid loess plateau[J]. Frontiers in Microbiology, 12: 664120.

WANG Z, LI X, MAO Y, et al., 2022. Dynamic simulation of land use change and assessment of carbon storage based on climate change scenarios at the city level: A case study of Bortala, China[J]. Ecological Indicators, 134: 108499.

WLA. Houston Arboretum and Nature Center ｜ Houston, USA ｜ Design Workshop[EB/OL].（2021-09-22）[2024-06-23]. https://worldlandscapearchitect.com/houston-arboretum-and-nature-center-houston-usa-design-workshop/?v=7516fd43adaa#.YdVMyMgialw.

WORLD BANK GROUP. CURB tool: climate action for urban sustainability（Vol. 2）: User guide[EB/OL]. [2024-06-23]. http://documents.worldbank.org/curated/en/499791474471650053/User-guide.

YANG X, WANG B, ABBAS F, et al., 2023. Contribution of roots to soil organic carbon: From growth to decomposition experiment[J]. Catena, 231: 107317.

YUAN Y, LIU Q, ZHENG H, et al., 2023. Biochar as a sustainable tool for improving the health of salt-affected soil[J]. Soil & Environmental Health, 1（5）: 100033.